SCRATCH 与机器人

主编：林雪森

编委会：邹宝明　陈　伟　王小君　陈春燕

中原出版传媒集团

大地传媒

大象出版社

·郑州·

图书在版编目（CIP）数据

SCRATCH 与机器人 / 林雪森主编.— 郑州：大象出
版社，2017. 5
　ISBN 978-7-5347-9052-2

　Ⅰ.①S…　Ⅱ.①林…　Ⅲ.①机器人—程序设计
Ⅳ.①TP242

　中国版本图书馆 CIP 数据核字（2016）第 237659 号

SCRATCH 与机器人

林雪森　主编

出 版 人　王刘纯
责任编辑　李晓媚
责任校对　毛　路
装帧设计　张　帆

出版发行　大象出版社（郑州市开元路 16 号　邮政编码 450044）
　　　　　发行科　0371-63863551　总编室　0371-65597936
网　　址　www.daxiang.cn
印　　刷　河南安泰彩印有限公司
经　　销　各地新华书店经销
开　　本　787mm×1092mm　1/16
印　　张　19
字　　数　204 千字
版　　次　2017 年 5 月第 1 版　2017 年 5 月第 1 次印刷
定　　价　56.00 元
若发现印、装质量问题，影响阅读，请与承印厂联系调换。
印厂地址　郑州市中原路与华山路交叉口向南 200 米路西华山路 78 号
邮政编码　450000　　　　　电话　0371-67196689

前 言

　　机器人曾经一度只是人类的幻想，但现在已经走进了我们的现实生活。未来，机器人可能会像电脑一样走进千家万户，这是一个必然的趋势。为了适应未来科技社会对技术型人才的需要，2003 年颁布的普通高中新课程标准将"人工智能初步"与"简易机器人制作"分别列入"信息技术课程"和"通用技术课程"的选修部分。教育部新制定的《普通高中物理课程标准（实验）》也提到"收集资料，了解机器人在生产、生活中的应用"的要求，机器人更是被中国共产党第十五次全国代表大会列入国家科技创新的优先重点领域，由此可见国家对机器人教育的重视。

　　机器人作为提高学生的动手能力和创新能力、促进学生的思维发展的有效工具，在教育界逐渐得到认同。因此，学习机器人的制作和控制方法无疑是一个必要且引人注目的活动。

　　Scratch 是由麻省理工学院推出的编程工具，是一款采用"积木组合式"设计的儿童简易编程语言，它不需要你写任何编码，只要使用鼠标拖拽事先准备好的部件就可以组成游戏、卡通和动画，就像玩积木一样简单有趣。目前 Scratch 与硬件的结合，无论你到图书市场，还是任何学校，根本就找不到任何相关的书籍，只有网上的寥寥数语。而将来的孩子必然要把计算机当作自己工作和接触世界的一个重要工具，就如同我们当年通过收音机、电视、图书、杂志来了解世界万物一样。针对这一市场空缺，编程与硬件实践的 Scratch 与硬件结合的技术应运而生。孩子通过它，可以结合外部实体的多样化搭建及各色的感应装置，让虚拟的动画对象在"光""声""触"的感知下，实现"真实世界"与"虚拟世界"的互动。

中鸣 Scratch2 For JMD 是在 Scratch 的基础上开发的一款配合中鸣 E2-RCU 机器人使用的专用软件，学生使用 Scratch2 For JMD 创作作品时经历想象—创造—游戏—分享—反思的过程，培养了创新意识。Scratch2 For JMD 操作简单，趣味性强，又能有效地训练学生的发散思维。它让学生在手脑并用解决实际问题的过程中，有效地提高逻辑思维能力、判断能力、动手能力和创新能力，是实施素质教育的良好平台。

本书内容共分六章，层次清晰，由浅入深、从入门到复杂。内容全面、新颖，实例丰富，实用性强，是学习机器人的一本不可多得的书籍。

目 录

第一章   **揭开机器人的神秘面纱** ………… 1

第1节 初识机器人 ……………………… 2

第2节 机器人的发展前景 ……………… 18

第二章   **与 Scratch 的第一次接触** ……… 29

第1节 认识 Scratch2 For JMD ………… 31

第2节 我的第一个作品——踩到狗尾巴 … 44

第3节 选择 Scratch 的理由 ……………… 59

第三章   **Scratch 初制作** ……………… 63

第1节 森林之王 ………………………… 65

第 2 节　接水果 ······················· 75

第 3 节　抽奖器 ······················· 85

第 4 节　机器人的表情 ··············· 96

第四章　　**Scratch 的基础硬件** ············· 107

第 1 节　机器人如何眨眼睛 ············· 109

第 2 节　使机器人更智能 ··············· 119

第 3 节　制作电风扇 ··············· 127

第 4 节　交通灯 ··············· 137

第 5 节　升降台 ··············· 148

第 6 节　噪声监控装置 ··············· 158

第 7 节　火焰感应报警装置 ··············· 165

第 8 节　小闹钟 ··············· 171

第 9 节　超声视力保护器 ··············· 178

第五章　　**综合运用** ··············· 185

第 1 节　直升机 ··············· 187

第 2 节　手摇风车 ··············· 198

第 3 节　电报机 ··············· 207

第 4 节　控烟机器人 ··············· 217

第 5 节　农业大棚温湿度监控器 ··············· 227

第 6 节　向导机器人 …………………… 234

第 7 节　画图机器人 …………………… 239

第 8 节　计步器 …………………………… 244

第 9 节　追球机器人 …………………… 251

第六章　　**趣味游戏**…………………… 259

第 1 节　动物赛跑 ……………………… 261

第 2 节　看看谁反应快 ………………… 267

第 3 节　分捡机器人 …………………… 276

第 4 节　切水果 ………………………… 286

第一章

揭开机器人的神秘面纱

第 1 节　初识机器人

1. 什么是机器人

　　我想拥有这样一个机器人，它可以上天入地，穿梭时空。它可以变成跑车，我只要跟它说去哪儿它就会自动送我到目的地。我再按一个按钮就会出现一台电脑，在路上我就不会无聊了。它装有超声波，能主动绕过障碍物，不会发生交通事故。它还可以变成飞机，带我到天空遨游，在云雾里穿行，欣赏大地的美景。它还能变成潜水艇，带我进入海底世界，在珊瑚礁上穿行，和鲨鱼戏水，和海豚追逐。它甚至还可以进入地壳深处，探测矿产，寻找宝藏。最厉害的是，它还能够带我回到过去，飞向未来。

想一想：什么是机器人呢？

是这样的吗？

图 1.1-1

图 1.1-2

图 1.1-3

图 1.1-4

图 1.1-5

还是这样的？

SCRATCH 与机器人

图 1.1-6

图 1.1-7

图 1.1-8

图 1.1-9

图 1.1-10

图 1.1-11

图 1.1-12

以上图中的"人物"都有哪些共同之处？

2. 机器人的定义

　　机器人具有人类所具有的部分功能，有嘴巴会说话，有耳朵能听声，有眼睛能看到物体，有手会抓取和搬运物品，有感温系统能感觉冷热，有意识会学习。

图 1.1–13

知识魔方

各国科学家对机器人的定义都有所不同，而且随着时代的变化，它的定义也在不断发生变化。

中国的科学家们把机器人定义为："机器人是一种自动化的机器，而且其具备一些与人或生物相似的智能能力，如感知能力、规划能力、动作能力和协同能力，是一种具有高度灵活性的自动化机器。"

考一考：图 1.1–14 所示物品，哪些是属于机器人的？

甲　　　　　　　乙　　　　　　　　丙

图 1.1–14

你能将你心目中的机器人画出来吗？

3．机器人的组成

　　找找下面机器人的脚、眼睛和大脑，也许会让你有意外的发现。

机器人的大脑　　　　机器人的眼睛

机器人的脚

图 1.1-15　中鸣教育机器人图片

　　机器人作为一种具备一定智能的自动化机器，通常包含机械部件、程序控制部件、感知部件和动作执行部件。

　　想一想：机器人是由哪些部件构成的？

3.1 机械部件

　　机械部件（如图 1.1-16 所示），通常是指机器人的身体。不同的应用需求，造就了不同形状的机器人。

图 1.1-16　教育机器人的机械部件图片

3.2 程序控制部件

程序控制部件（如图 1.1-17 所示），通常是指机器人的大脑，也称作微电脑或控制器，相当于人的大脑。它可以执行程序指令，并向具体动作部件发出相应的动作信息。

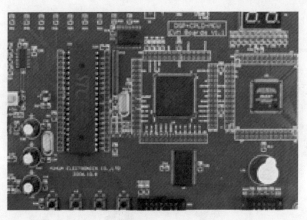

图 1.1-17

3.3 感知部件

感知部件（如图 1.1-18 所示），由各种各样的传感器组成，相当于人的眼、耳、舌头和皮肤等感觉器官。

3.4 动作执行部件

动作执行部件（如图 1.1-19 所示），根据不同的情况，机器人的大脑会让机器人做出不同的动作，最常见的动作是以运动的形式表现出来。另外，声音、画面、指示灯和其他形式的反馈也属于动作范畴，这些动作通常是为了使人有兴趣参与其中。

| 姿态测量
AHRS | 红外测距
IR Distance Measure | 超声测距
Ultrasonic |

| 数字温湿度
Temperature And Humidity | 空气质量
Air Quality | 人体感应
Human Sensor |

| 光敏
Photosensitive | 红外发射
IR Transmit | 红外接收
IR Receive |

图 1.1-18

图 1.1-19

知识魔方

为了防止机器人伤害人类，科幻作家阿西莫夫于 1940 年提出了"机器人三原则"：

1. 机器人不应伤害人类；

2. 机器人应遵守人类的命令，与第一条违背的命令除外；

3. 机器人应能保护自己，与第一条相抵触者除外。

这是给机器人赋予的伦理性纲领。

4. 我的成长历程

4.1 过去

1959 年美国人恩格尔伯格和德沃尔制造出世界上第一台应用于工业领域的机器人，机器人的历史才真正开始。机器人逐步向实用化发展，并被用于焊接和喷涂等作业中，如图 1.1–20 所示。

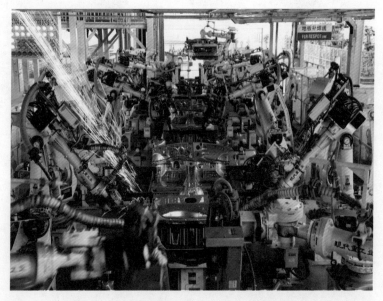

图 1.1–20　北京现代汽车有限公司的焊接机器人

4.2 现在

工业机器人的生产与需求已进入了高峰期，20 世纪 90 年代已出现了具有感知、决策、动作能力的智能机器人（图 1.1–21），产生了智能机器。随着科学技术的发展，机器

图 1.1–21　排爆机器人正在进行排爆作业

人的概念和应用领域也在不断扩大。

4.3 未来

机器人已在工业领域得到了广泛的应用，而且正以惊人的速度不断地向军事、医疗、服务、娱乐等非工业领域扩展，如图 1.1–22 所示。毋庸置疑，21 世纪机器人技术必将得到更大的发展，成为各国必争的知识经济制高点。

图 1.1–22　智能机器人弹钢琴

5. 我的家族成员

想一想: 在机器人大家族中都有哪些成员?

机器人诞生于科幻小说之中, 人们对机器人充满了幻想。也许正是由于机器人定义的模糊, 才给了人们充分的想象和创造空间。

从应用环境出发, 可以把机器人分为两大类, 即工业机器人和特种机器人。所谓工业机器人就是应用于工业领域的机器人, 多以机械手或多自由度的形式存在。而特种机器人就是除工业机器人外的服务于人类的各种先进机器人, 包括军用机器人、空间机器人、水下机器人、教育机器人、服务机器人和娱乐机器人等。

下面就让我们来见识一下当今世界上各种各样的机器人吧。

你能告诉我图 1.1–23 中的机器人在干什么吗?

5.1 工业机器人

用于机械制造业中代替人完成具有大批量、高质量要求的工作, 如汽车制造、摩托车制造、舰船制造以及某些家电产品（如电视机、电冰箱、洗衣机）、化工等行业自动化生产线中的点焊、弧焊、喷漆、切割、电子装配及物流系统的搬运、包装、码垛等作业的机器人, 如图 1.1–24 所示。

a. (   )

b. (   )

c. (   )

d. (   )

e. (   )

图 1.1-23

f. (   )

SCRATCH 与机器人

图 1.1–24

5.2 军用机器人

背包便携式自主控制微型飞行器，可以通过红外线或是相机侦察半径 1.0×10^4 米的范围，并且是采用"悬停"的方式。此外它还足够稳定，可以在距地面仅 1.52 米高处悬停，找出可能的简易爆炸装置。值得再次注意的是，它拥有如此强大的功能，体积却小到可以装进背包，如图 1.1–25 所示。

图 1.1–25

5.3 空间机器人

图 1.1–26 为 NASA（美国国家航空和宇宙航行局）发射的火星登月探险机器人"勇气"号。"勇气"号全长 1.6 米，宽 2.3 米，高 1.5 米，重 174 千克。它被认为是迄今为止最聪明、最先进的机器人。"勇气"号的任务是获取火星是否存在支持生命的有关痕迹的证据。名为"火星探险漫游车"的计划耗资达 8.2 亿美元，该计划由"勇气"号和另外一个机器人"机遇"号共同组成。

图 1.1–26

5.4 娱乐机器人

高智能娱乐机器人装置着各种感知系统，表情丰富，能跟人进行一些交流，同时可以通过记忆和学习不断成长，如图 1.1–27 所示。

甲   乙

丙

图 1.1-27

5.5 教育机器人

现在许多国家对学校开展早期的机器人学习非常重视，随之相应的教育机器人也出现了。中鸣教育机器人是广州中鸣数码科技有限公司研发出来的一种教育机器人（如图 1.1-28 所示），是为广大的中小学生进行人工智能、信息技术、通用技术等教学和科技活动而提供的学习和教学平台，也是科技爱好者进行科技发明的平台。

图 1.1-28

思考题：

1. 你认为什么样的机器才算是机器人？

2. 机器人如何分类？

3. 机器人的构成要素是什么？它们之间的关系如何？

第 2 节　机器人的发展前景

1. 主要国家的现状

1.1 美国

　　美国是机器人的诞生地，早在 1962 年就研制出世界上第一台工业机器人。经过 50 多年的发展，美国现已成为世界上的机器人强国之一，基础雄厚，技术先进，主要表现为：

图 1.2-1　"领头狗" 机器人

（1）性能可靠，功能全面，精确度高；

（2）机器人语言研究发展较快，语言类型多、应用广，水平高居世界之首；

（3）智能技术发展快，其视觉、触觉等人工智能技术已在航天、汽车工业中广泛应用；

（4）高智能、高难度的军用机器人、太空机器人等发展迅速。

1.2 日本

日本工业机器人产业在很短的时间内迅速发展起来，一跃成为"工业机器人王国"，日本在工业机器人的生产、出口和使用方面都居世界榜首，日本工业机器人的装备量约占世界工业机器人装备量的60%。日本的工业机器人保有量一直远远超过其他国家，图1.2-2所示为日本所造机器人。

图1.2-2 "阿西莫"机器人

1.3 德国

德国工业机器人的总数在世界排名第三位，仅次于日本和美国。除了像大多数国家一样，将机器人主要应用在汽车工业，突出的一点是德国在纺织工业中用现代化生产技术改造原有企业。与此同时，德国的智能机器人的研究和应用在世界上处于公认的领先地位，图1.2-3所示为德国所造机器人。

1.4 中国的现状

同全球主要的机器人大国相比，中国工业机器人起步较晚，而真正大规模进入商用领域是在近几年。中国工业

图1.2-3 "库卡"机器人

SCRATCH 与机器人

机器人从无到有、从小到大，发展迅速，已生产出机器人部分关键元器件。就目前来看，我国从事机器人研究的单位有200多家，专业从事机器人产业开发的企业有50家以上。一些科研院所和大学也在进行机器人技术及应用项目方面的研发工作。国内一些机械单位，也都凭借自己开发的特色机器人或应用工程项目活跃在当今国内工业机器人市场上，图1.2-4所示为在中国餐馆常见的机器人。

图 1.2-4　送餐机器人

2. 差距

中国的机器人水平与美国、日本、德国等发达国家相比还有很大的差距（如图 1.2-5~ 图 1.2-8 所示），主要表现在使用密度、核心部件、品牌等方面，这还需要我们更加努力地去缩小这个差距。

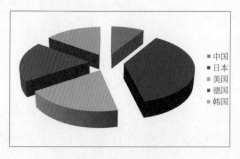

图 1.2-5　应用比例

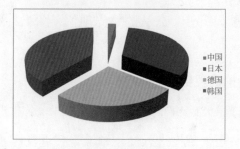

图 1.2-6　使用密度

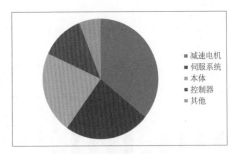

图1.2-7 工业机器人成本份额

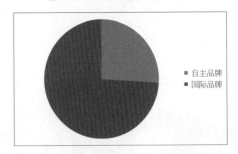

图1.2-8 品牌份额

3. 市场前景

如今，机器人技术的发展可谓一日千里，尤其是互联网技术的迅速发展为机器人科技的进步打开了一条全新的路径。中国作为世界制造业大国，机器人的应用前景非常广阔，需求量也将越来越大，不但会进入流水线制造，而且在生产生活的方方面面都将会出现它们的身影。这将使我国由制造大国变成制造强国，其巨大的经济效益和社会效益也将接踵而来，一个生活中处处有机器人的时代已不再遥远，一个与机器人融合的社会必将形成。

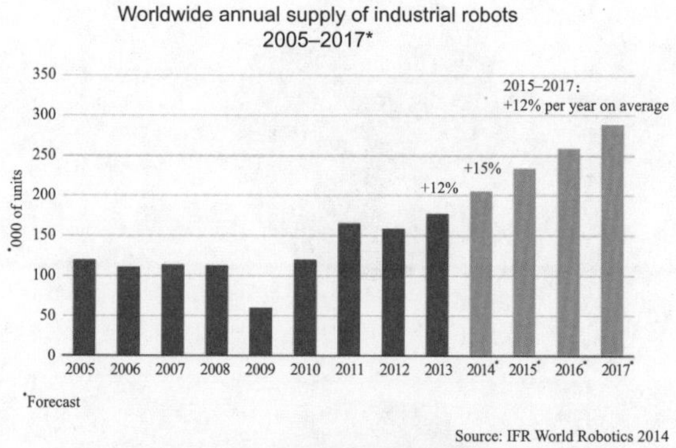

Worldwide annual supply of industrial robots
2005–2017*
350
300
250
200
150
100
50
0
'000 of units
2015–2017:
+12% per year on average
+15%
+12%
2005 2006 2007 2008 2009 2010 2011 2012 2013 2014* 2015* 2016* 2017*
*Forecast
Source: IFR World Robotics 2014

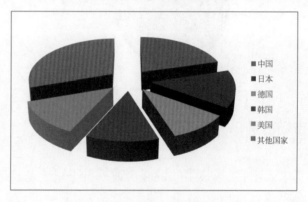

图 1.2-9　全球机器人市场规模及预测（单位：亿美元）

中国
日本
德国
韩国
美国
其他国家

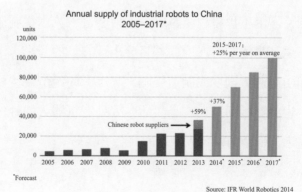

图 1.2-10　各国的工业机器人销售额

Annual supply of industrial robots to China
2005–2017*
units
120,000
100,000
80,000
60,000
40,000
20,000
0
2015–2017:
+25% per year on average
+37%
+59%
Chinese robot suppliers
2005 2006 2007 2008 2009 2010 2011 2012 2013 2014* 2015* 2016* 2017*
*Forecast
Source: IFR World Robotics 2014

图 1.2-11　中国机器人市场规模

4．未来的发展趋势

智能化可以说是机器人未来的发展方向，智能机器人是具有感知、思维和行动功能的机器，是机构学、自动控制、计算机、人工智能、微电子学、光学、通信技术、传感技术、仿生学等多种学科和技术的综合成果。智能机器人可获取、处理和识别多种信息，自主地完成较为复杂的操作任务，比一般的工业机器人具有更大的灵活性、机动性和更广泛的应用领域。

对于未来意识化智能机器人很可能的几大发展趋势，在这里概括性地分析如下：

4.1 语言交流功能越来越完美

智能机器人，既然已经被赋予"人"的特殊称谓，那当然需要有比较完美的语言功能，只有这样，才能与人类进行一定的甚至完美的语言交流，所以机器人语言功能的完善是一个非常重要的环节。未来智能机器人的语言交流功能会越来越完美化，是一个必然性趋势，在人类的完美设计程序下，它们能轻松地掌握多个国家的语言，远高于人类的学习能力。另外，机器人还具有语言词汇重组的能力，就是当人类与之交流时，若遇到语言包程序中没有的语句或词语时，可以自动地用相关或相近意思词组，按句子的结构重组一句来回答，这也相当类似人类的学习能力和逻辑能力，如图 1.2-12 所示。

4.2 各种动作的完美化

机器人的动作是相对于人类动作来说的，我们知道人

图 1.2-12

类能做的动作是极为多样化的，招手、握手、走、跑、跳等，都是人类的惯用动作。现代智能机器人虽也能模仿人的部分动作，但是相对有点僵化的感觉，或者动作是比较缓慢的（如图1.2-13所示）。未来机器人将拥有更灵活的类似人类的关节和仿真人造肌肉，使其动作更像人类，模仿人的所有动作，甚至做得更有型。还有可能做出一些普通人很难做出的动作，如平地翻跟斗、倒立等。

图 1.2-13

4.3 外形越来越酷似人类

科学家们研制越来越高级的智能机器人，是主要以人类自身形体为参照对象的。因此自然需有一个仿真的人形外表，在这一方面日本应该是相对领先的，国内也是非常优秀的。几近完美的人造皮肤、人造头发、人造五官等恰到好处地遮盖于金属内在的机器人身上，这些机器人站在那里还配以人类的完美化正统手势，如图1.2–14所示。这样从远处乍一看，你还真的会误以为是一个大活人；当走近细看时，才发现原来是个机器人。对于未来机器人的仿真程度很有可能达到即使你近在咫尺细看它的外在，也有可能会把它当成人类，很难分辨是机器人还是真人，这种状况就如美国科幻大片《终结者》中的机器人物造型具有极致完美的人类外表。

图 1.2–14　HRP-4C 机器人

SCRATCH 与机器人

4.4 逻辑分析能力越来越强

智能机器人（如图 1.2–15）为了完美化模仿人类，未来科学家会不断地赋予它许多逻辑分析程序功能，这也是智能的表现。如自行重组相应词语成新的句子是逻辑能力的完美表现形式，还有若自身能量不足，可以自行充电，而不需要主人帮助。总之，逻辑分析有助于机器人自己完成许多工作，在不需要人类帮助的同时，还可以尽量地帮助人类完成一些任务，甚至是比较复杂的任务。在一定层面上讲，机器人有较强的逻辑分析能力，是利大于弊的。

图 1.2–15

4.5 具备越来越多样化的功能

人类制造机器人的目的是为人类服务，所以就会尽可能地使它多功能化。比如在家庭中，它们可以成为机器人保姆，会扫地、吸尘，可以成为与你聊天的朋友，还可以为你看护小孩，图 1.2–16 所示为机器人与人类进行游戏。

图 1.2–16

　　在外面时，机器人可以帮你搬重物或提东西，甚至还能当你的私人保镖。另外，未来高级智能机器人还有可能会具备多样化的变形功能，比如从人形状态变成一辆豪华汽车，这似乎是真正意义上的变形金刚了，它载着你到想去的任何地方，这种比较理想的设想在未来都是有可能实现的。

　　机器人的产生是社会科学技术发展的必然阶段，是社会经济发展到一定程度的产物，随着科学技术的发展及各种技术进一步的相互融合，中国机器人的发展前景将更加光明。

　　想一想：

　　1.如果让你制作一个机器人，你会赋予它什么功能呢？

　　2.机器人由哪几部分组成？我们通过什么方式来实现它类似于人类的功能？

第二章

与 Scratch 的第一次接触

SCRATCH 与机器人

Scratch 是一款由麻省理工学院 (MIT) 设计开发的面向儿童的简易编程工具，采用"积木组合式"设计儿童简易编程语言。它是一款开源免费的编程软件，不同于 VB、VC、JAVA 等以编写代码为主、图形界面为辅的编程软件，而是针对 8 岁以上孩子的认知水平，以及对于界面的喜好，用类似于积木形状的模块实现构成程序的命令和参数。它操作简单，不需要写任何编码，只要使用鼠标按图示拼接的方式就可以进行故事、动画等的创作和设计，就像玩积木一样简单有趣。目前，Scratch 已经翻译成 50 多种语言，供 40 多个国家及地区学习和使用。

图 2-1

所有的人都可以从麻省理工学院的网站免费下载，已经开发了在 Windows 系统、苹果系统、Linux 系统下运行的各种版本。

官方网站：http://scratch.mit.edu/

第 1 节　认识 Scratch2 For JMD

中鸣 Scratch2 For JMD 是在 Scratch 的基础上开发的一款配合中鸣 E2-RCU 机器人使用的专用软件，学生使用 Scratch2 For JMD 创作作品时经历想象—创造—游戏—分享—反思的过程，培养了创新意识。Scratch2 For JMD 操作简单，趣味性强，又能有效地训练学生的发散思维。

中鸣 E2-RCU 机器人及编程软件 Scratch2 For JMD 让学生在手脑并用解决实际问题的过程中，有效地提高逻辑思维能力、判断能力、动手能力和创新能力，是实施素质教育的良好平台。

1. 安装软件

运行 Scratch 需要 Adobe AIR 的支持，所以需要事先安装 Adobe AIR。从下面地址下载最新版本的 Adobe AIR 安装包安装。下载地址：http://get.adobe.com/cn/air/，下载完成后如下：

图 2.1–1

鼠标双击"开始安装"。显示界面如图 2.1–2 所示。

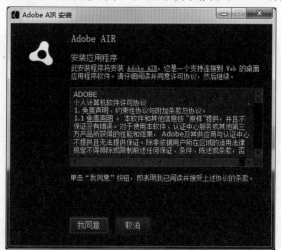

图 2.1–2

点击"我同意"后显示界面如图 2.1–3 所示。

图 2.1–3

安装中，稍等一会儿。

安装成功了，点击"完成"，如图 2.1-4 所示。

图 2.1-4

接着就可以安装 Scratch2 For JMD 了，可以留意下载官方发布的最新版本。如果你没空经常去查看有没有最新版本，那也没关系，因为软件有自动检测更新功能。

软件下载地址：http://www.robotplayer.com/support/downloads/post.asp?p=630

图 2.1-5

双击安装程序，使用 Windows7 和 Windows8 系统的可右键点击安装包图标，在菜单中选择"以管理员身份运行"。

运行安装包后可能需要稍等一会儿，出现了如图2.1–6
所示的界面，点击"继续"就可以完成安装了。

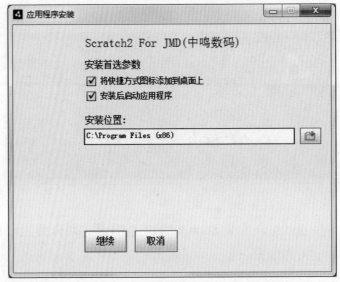

图 2.1–6

安装程序中，稍等一会儿，如图2.1–7所示。

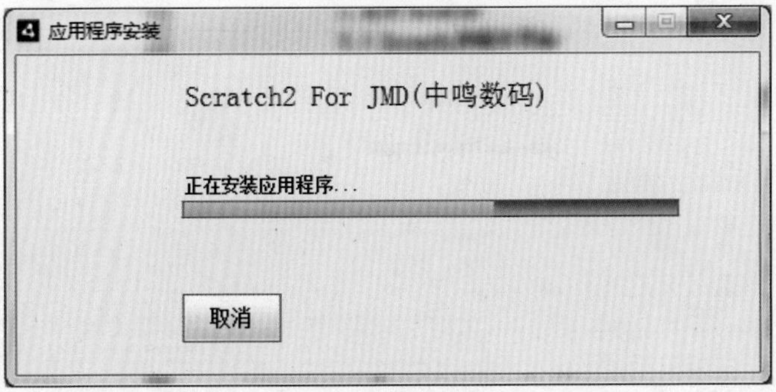

图 2.1–7

安装完成后会自动运行程序，最后出现如图 2.1–8 所示的界面，说明你已经安装成功。

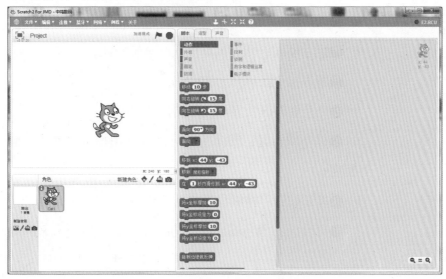

图 2.1–8

2. 认识 Scratch

2.1 Scracth 的操作界面（如图 2.1–9 所示）

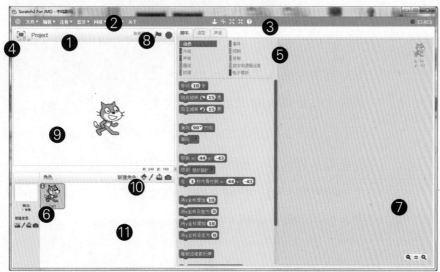

图 2.1–9

❶标题栏：显示当前文件名；

❷菜单栏：主要是与文件有关的选项；

❸工具条：控制角色大小及复制、删除；

❹显示模式：分为浏览模式和全屏模式；

❺脚本指令区：分为 10 大类；

❻角色资料区：显示角色的详细资料；

❼程序编辑区：程序的编写区，利用拖曳的方式在此写程序；

❽控制按钮：控制程序的播放和停止；

❾舞台区：角色演出的地方，作品最后呈现出来的地方；

❿新建角色按钮：共有三种新建角色的方法（自建、导入、随机）；

⓫角色列表区：角色休息室，所有的角色都在这个地方。

2.2 程序设计

我们将 Scratch 定位为"程序语言"，什么是程序语言呢？就像人与人之间通过语言来进行沟通，那么程序语言就是人与计算机的沟通桥梁。人类有各种不同的语言，而且不同语言之间是无法直接进行沟通的。同样地，程序语言也有多种，每一种程序语言都有自己的指令、语法、格式与符号等，但它们唯一的目的就是使计算机能够了解并达成我们所要完成的工作（如图 2.1–10 所示）。

人与人沟通（靠语言）　　　　　　　　人与计算机沟通（靠程序）

图 2.1–10

　　那什么是程序与指令呢？利用某种程序语言，该语言针对不同动作给予一些简易的文字来代替，这些简易的文字就称为指令，而程序就是指令与参数的组合，如图 2.1–11 所示。

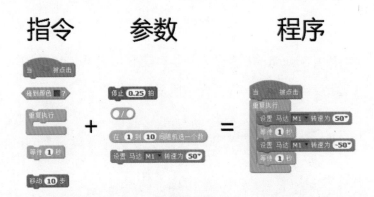

图 2.1–11

　　而程序设计就是通过某种程序语言，针对自己的需求，根据正确的指令写作语法，也就是所谓的写程序，来让计算机完成我们要达到的目的，这就是程序设计。

　　Scratch 最大的特色就是针对 8 岁以上的孩子所设计的，是属于积木组合式的程序语言（如图 2.1–12 所示），采用拖拽、组合的方式来设计程序，取代了传统打字，免除了指令输入错误的困扰，另外，它也是图形化的程序语言，就像一般视窗软件所见即所得的功能，不像一些程序语言需要经过复杂的编译过程才能看到结果，因此，Srcatch 把程序设计变得简单、有趣了。

图 2.1-12

有关 Scratch 的指令积木一共有以下 10 大类（图 2.1-13），而且用颜色来分类，很适合小朋友的学习。

动作	事件
外观	控制
声音	侦测
画笔	数字和逻辑运算
数据	电子模块

图 2.1-13

当我们点选指令分类后，底下的指令区会跟着改变，如图 2.1-14 我们点选"侦测"分类，底下就会出现"侦测"分类的全部指令；点选"电子模块"分类，底下就会出现"电子模块"分类的全部指令。

动作

移动 10 步
向右旋转 15 度
向左旋转 15 度

面向 90° 方向
面向

移到 x: 64 y: -35
移到 鼠标指针
在 1 秒内滑行到 x: 64 y: -35

将x坐标增加 10
将x坐标设定为 0
将y坐标增加 10
将y坐标设定为 0

碰到边缘就反弹

将旋转模式设定为 左-右翻转

x坐标
y坐标
方向

外观

说 Hello! 2 秒
说 Hello!
思考 Hmm... 2 秒
思考 Hmm...

显示
隐藏

将造型切换为 cat1-b
下一个造型
将背景切换为 backdrop1

将 颜色 特效增加 25
将 颜色 特效设定为 0
清除所有图形特效

将角色的大小增加 10
将角色的大小设定为 100

移至最上层
下移 1 层

造型编号
背景名称
大小

控制

等待 1 秒

重复执行 10 次

重复执行

如果 那么

如果 那么
否则

在 之前一直等待

重复执行直到

停止 全部

当作为克隆体启动时
克隆 自己
删除本克隆体

侦测

碰到 ?
碰到颜色 ?
颜色 碰到 ?
到 的距离

询问 What's your name? 并等待
回答

按键 空格键 是否按下?
点击鼠标?
鼠标的x坐标
鼠标的y坐标

响度

视频侦测 动作 在 角色 上
将摄像头 开启
将视频透明度设置为 50 %

计时器
计时器归零

x坐标 of Cat1
当前时间 分
2000年之后的天数
用户名

甲

声音

播放声音 meow
播放声音 meow 直到播放完毕
停止所有声音

弹奏鼓声 1° 0.25 拍
停止 0.25 拍
弹奏音符 60° 0.5 拍
设定乐器为 1°

将音量增加 -10
将音量设定为 100
音量

将节奏加快 20
将节奏设定为 60 bpm
节奏

画笔

清空
图章
落笔
抬笔

将画笔的颜色设定为
将画笔的颜色值增加 10
将画笔的颜色设定为 0
将画笔的色度增加 10
将画笔的色度设定为 50

将画笔的大小增加 1
将画笔的大小设定为 1

数字和逻辑运算

+
-
*
/

在 1 到 10 间随机选一个数

<
=
>

且
或
不成立

将 hello 加到 world 的后面
第 1 个字符: world
world 的长度

除以 的余数
将 四舍五入
平方根 9

乙

事件　　　　　　　　　数据

当 被点击

当按下 空格键▼

当角色被点击时

当背景切换到 backdrop1▼

当 响度▼ > 10

当接收到 message1▼

广播 message1▼

广播 message1▼ 并等待

新建变量

新建链表

丙

电子模块

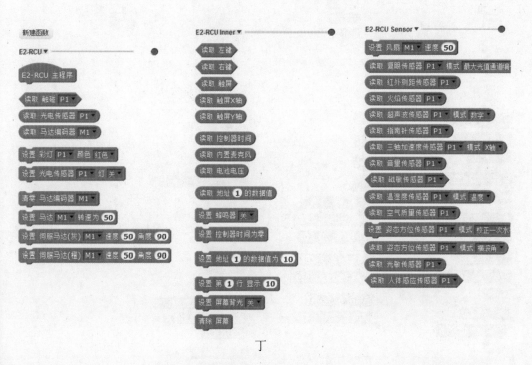

丁

图 2.1-14

补充说明：

（1）程序区块内的指令一共分 10 大类。

（2）每一类下有很多相关的"指令积木"，这些"指令积木"有的只是单纯的"指令"，有的是由"指令"与"参数"组合而成，都具有堆叠的功能。

（3）利用"指令积木"所堆叠出来的程序称为"程序积木堆"。

2.3 角色

我们可以自行画出角色的各种造型或者使用导入方式，先使用别的绘图软件绘制后导入，也可以载入不同的对象到造型区中。但同一时间只会出现一种造型。点选"从角色库中选取角色"图标，如图 2.1–15 所示，图中左上方对象代表上场角色，可以多个角色同时出现。角色可以通过复制后编辑来进行修改，也

图 2.1–15

可以从角色库中选取或是拍摄照片等。

2.4 声音

角色对象的声音可以从声音库中选取，还可以通过麦克风录音或导入方式从文件中导入来使用（也可使用内置的音效文件），如图 2.1-16 所示。

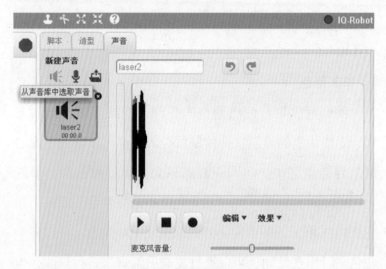

图 2.1-16

2.5 工具列及舞台

选择工具后再点对象，然后进行复制、删除、放大、缩小等动作。

按下程序中的绿旗键，开始执行程序，按红色按钮则停止。

中间空白大区域是舞台，角色都会在上面表演，如图 2.1-17 所示。

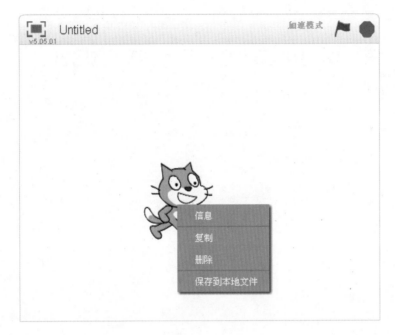

图 2.1-17

2.6 角色及背景

舞台背景则呈现目前舞台的背景，点选舞台，接着选取背景后按下导入就可以选取自然、户外等背景，还可以使用自画、导入及随机方式来加入角色，如图 2.1-18 所示。

图 2.1-18

第 2 节　我的第一个作品——踩到狗尾巴

　　任务：当人们不小心踩到了狗的尾巴，小狗会发出吼叫声。

　　思考：小狗如何知道尾巴被踩到了？

　　知识点：按钮的使用、循环、发音。

1. 引言

　　狗尾巴动作也是它的一种"语言"。虽然不同类型的狗，其尾巴的形状和大小各异，但是其尾巴的动作却表达了大致相似的意思。一般在兴奋或见到主人高兴时，狗就会摇头摆尾，尾巴不仅左右摇摆，还会不断转动；尾巴翘起，表示喜悦；尾巴下垂，意味危险；尾巴不动，表示不安；尾巴夹起，说明害怕；迅速水平地摇动尾巴，象征着友好。狗尾巴的动作还与主人的音调有关。如果主人用亲切的声音对它说话，它也会摇摆尾巴表示高兴；反之，如果主人用严厉的声音对它说话，它就会夹起尾巴表现不愉快。对于狗来说，人们说话的声音仅是声源，是音响信号，而不是语言。人类的微笑和狗摇尾巴是类似的沟通形式。小狗的尾巴不小心被我们踩到了，它会很生气地朝我们吼叫。

图 2.2-1

2. 舞台搭建

我们在这一节中只需要一个简单的空白舞台背景即可，操作方法如下：

在菜单中点击（或者在桌面上双击）"Sratch2-JMD"打开软件，如图 2.2-2 所示。

图 2.2-2

打开软件的界面如图 2.2-3 所示。

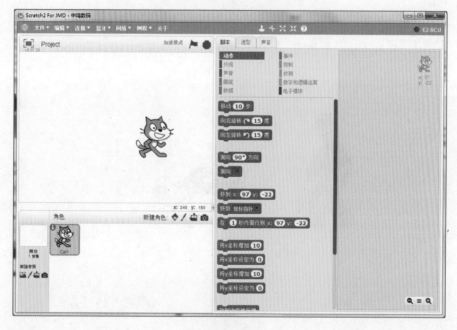

图 2.2-3

软件默认是白色的舞台，所以我们不需要添加舞台背景了。

3. 创建角色

3.1 删除角色

点击选中不需要的角色，单击鼠标右键，选择"删除"，如图 2.2–4 所示。

图 2.2–4

3.2 添加小狗角色

从"新建角色"中选取动物角色中的 Dog1，如图 2.2–5 所示。

甲

SCRATCH 与机器人

乙

丙

图 2.2-5

3.3 舞美效果

创建好的角色及舞台背景的配合效果如图2.2-6所示。

图 2.2-6

4. 编写角色程序

4.1 流程分析图

当我们踩到了小狗的尾巴，小狗才会发出"汪汪汪"的叫声，否则它就不会叫，因此我们可以得到以下的流程。

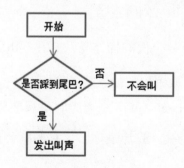

4.2 编写角色程序

根据流程图来编写小狗角色的程序，方法如下。

第一步：在程序指令区"事件"类中找到"当 ▶ 被点击"图标，将其拖动到脚本区，如图 2.2–7 所示。

图 2.2–7

第二步：重复上面的操作方法，在"控制"中找到"如果" 拖动到脚本区。

第三步：重复上面的操作方法，在"电子模块"中找到 读取 左键，放置到"如果"条件的空缺位置。

小技巧：Scratch 有自动连接功能，只要两个模块靠近，且出现白色的色块，放开鼠标后，它们就会自动连接好，如图 2.2–8 所示。

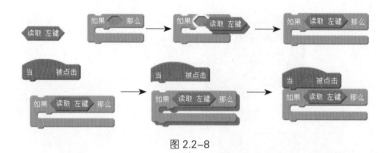

图 2.2-8

第四步：在"声音"中找到 播放声音 meow 直到播放完毕 ，放

置到 如果 那么 里面。

第五步：在角色"声音"属性里的"从声音库中选取

声音"中，选取小狗的叫声 dog1，如图 2.2-9 所示。

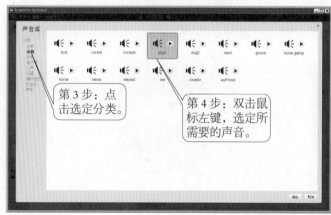

图 2.2-9

第六步：将播放声音选择"dog1"，如图 2.2-10 所示。

图 2.2-10

此时只要我们按下按钮并点击 ⚑，小狗就会发出叫声；若松开按钮点击 ⚑，小狗则不会发出叫声。

第七步：重复执行。在"控制"中找到 ，拖动到程序编辑区，如图 2.2-11 所示。

图 2.2-11

第八步：保存项目。

到此，程序已制作完成了，我们单击"文件"选择"保存项目"，将项目保存在"dogtail"项目中，如图 2.2-12 所示。

图 2.2-12

5. 在线调试

5.1 在线连接 E2-RCU

5.1.1 E2-RCU 跟计算机连接

第一步：确认将下载线与电脑的 USB 口连接（如图 2.2-13）。

第二步：将下载线的另一端与控制器连接，并打开电源（如图 2.2-14）。

图 2.2-13　　　　　　　　　　　　　　图 2.2-14

第三步：点击屏幕上的 "USB 下载" 图标（如图 2.2-15），等一会儿，你的计算机就多了一个存储设备，如图 2.2-16 所示。

图 2.2-15　　　　　　　　　　　　　　图 2.2-16

5.1.2 更新固件

在 Scratch 界面菜单点击"连接"，在下拉菜单中选择"E2 有线固件"。这时会弹出一个下载等待窗口，如图 2.2-17 所示。

等待一会儿，就会提示 "下载完成"，点击 "确定"，如图 2.2-18 所示。

SCRATCH 与机器人

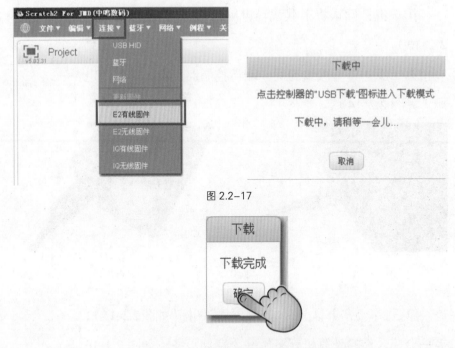

图 2.2–17

图 2.2–18　点击"确定"，关掉下载对话框

5.1.3 E2-RCU 与 Scratch 软件连接

第一步：轻按"POWER"键，重启 E2-RCU，在主菜单"选择程序"中选择"E2"的程序，如图 2.2–19 所示。

图 2.2–19

第二步：当运行"E2"程序后，控制器就会自动跟软件相连接了，如图 2.2–20 所示。

图 2.2-20

这时在 Scratch 界面里可以看到如图 2.2-21 所示已经连接 E2-RCU。到此，Scratch 就可以通过有线 USB 和 E2-RCU 通信了。

图 2.2-21

5.2 调试

点击软件上的绿色旗帜的图标，然后按下左移键，程序就开始运行了，如图 2.2-22 所示。

图 2.2-22

按下 E2-RCU 的左键（如图 2.2–23 所示），是不是会有狗叫的声音？

图 2.2–23

6. 程序下载

除在线连接运行程序外，我们还有一个非常强大的功能，那就是离线运行程序，请看以下步骤。

第一步：将 当按下 空格键 换成 E2-RCU 主程序 就可以了，如图 2.2–24 所示。

图 2.2–24

第二步：移动鼠标到 E2-RCU 处，单击右键，弹出如图 2.2–25 所示的对话框，点击"编译"。

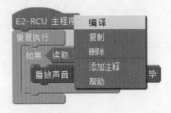

图 2.2–25

编译成功后，弹出如图 2.2–26 所示对话框。

图 2.2–26

然后点击"下载"，弹出下载提示框，如图 2.2–27 所示。

图 2.2–27

第三步：将 E2-RCU 与计算机连接，点击"USB 下载"，如图 2.2–28 所示。

图 2.2–28

等待一会儿，弹出一个对话框提示下载成功，然后点击"确定"关掉对话框就可以了，如图 2.2–29 所示。

图 2.2–29

第四步：轻按"POWER"键，重启 E2-RCU，在主菜单中点击"运行 JMAPP1"就可以了（如图 2.2–30 所示）。

图 2.2–30

如果运行后的效果不理想，则可以回到软件中修改程序，然后再下载到机器人中去。

第 3 节　选择 Scratch 的理由

1. 入门简单，趣味性强

使用者可以不认识英文单词，也可以不会使用键盘，只需用鼠标选择指令以搭积木方式"编写"程序，单击该程序就能在"舞台"看到效果，如图 2.3–1 所示。

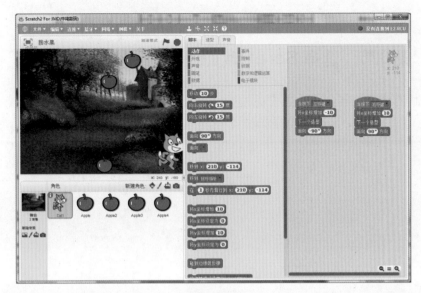

图 2.3-1

2. 内容丰富

针对有兴趣、喜爱绘画的孩子,提供角色绘制设计功能,为喜欢动画的孩子提供情景设计功能,为喜欢游戏的孩子提供简单游戏设计功能,甚至还能为喜欢音乐的孩子提供音频处理的功能,如图 2.3-2~ 图 2.3-4 所示。

图 2.3-2

图 2.3-3

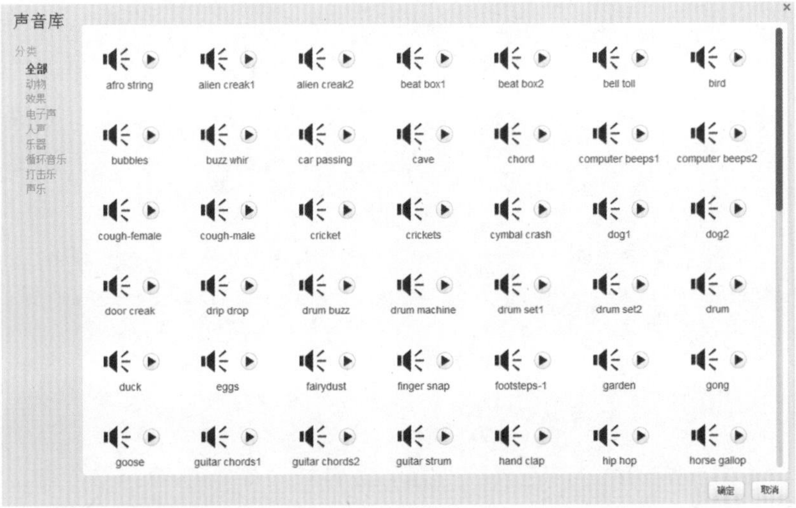

图 2.3-4

3. 给孩子一个有想象力的创作空间

　　Scratch 的优势是给孩子提供尽可能方便的工具，让他们充分发挥自己的想象力去创作，用它，孩子可以很容易地去创造交互式故事情节、动画、游戏。

　　孩子能通过给出的不同造型而改变一个角色的外观，能把角色做得看上去像人，或一列火车，或一只蝴蝶，或其他任何东西；能使用任意的图片来做造型：可以在画板编辑器里画一幅，也可以从硬盘中导入一幅图片，或从网上搜一幅图片过来也可以。

　　孩子能给角色发出命令，告诉它是移动还是播放音乐，或者是和其他角色互动。要告诉一个角色应该做什么，孩子只需要把代表命令的图形积木块粘连入一个堆集中即可。

第三章

Scratch 初制作

人称：小花猫、呜呜

一个周末，风和日丽；小朋友们都跑到外面玩耍去了，呜呜看见小花猫在黑板上乱写乱画，就问："小花猫，你在画什么呀？不出去玩吗？"

小花猫答道："我在为我的'黑客'梦想而努力。"

呜呜听到后哈哈大笑："你这是在写程序？我看是在画抽象画。"

"你说什么？"小花猫怒问道。

"没什么！"

"哼！"

"小花猫，你也太好高骛远了吧！我们前天才学了程序设计，你现在就梦想当'黑客'。老师不是说过吗？刚开始学程序设计时，要先以'模仿'为主！要先学会程序的流程分析和语法，并能利用流程图来编写程序！"

"好吧，你来教我！"

"OK，come on，baby!"

第 1 节　森林之王

1. 引言

　　小花猫，在这一课中我们要做一个森林之王——狮子在峡谷中漫步的程序，看谁做得好，做得快！

　　故事大纲：有着森林之王之称的狮子在峡谷中优哉游哉地走动着！

　　舞台：峡谷

　　角色：狮子

SCRATCH 与机器人

2. 搭建舞台

2.1 新建 Scracth 项目

在桌面双击 Scracth 图标，启动软件，系统会自动新建
一个新的项目，如图 3.1–1 所示。

图 3.1–1

2.2 选择背景图

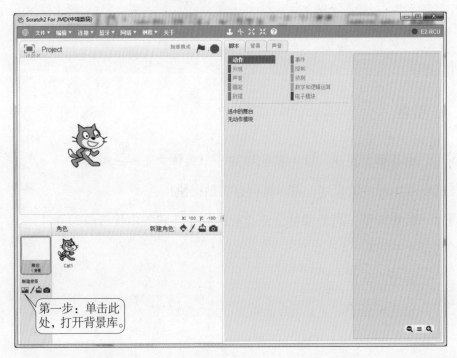

甲

乙

图 3.1-2

选定好的背景如图 3.1-3 所示。

图 3.1-3

3. 添加角色

3.1 删除角色

点击选中不需要的角色，单击鼠标右键，选择"删除"，如图 3.1–4 所示。

图 3.1–4

3.2 添加角色

利用所学到的知识，完成角色的添加，如图 3.1–5 所示。

甲

乙

图 3.1–5

角色添加完成后如图 3.1–6 所示。

图 3.1–6

注意：如果一个角色有多个造型，那么可以点击造型，选择相应的角色造型，如图 3.1–7 所示。

SCRATCH 与机器人

图 3.1-7

3.3 舞美效果

创建好的角色及舞台背景的配合效果如图3.1-8所示。

图 3.1-8

4．编写程序

4.1 流程分析图

要写程序，最重要的是设计流程图，一旦流程图设计出来，程序很快就写出来了。用图 3.1–9 中的"流程图"表示狮子在舞台上任意走来走去的动作，另外右边搭配 Scratch 的指令积木，有助于理清思路和编写程序。

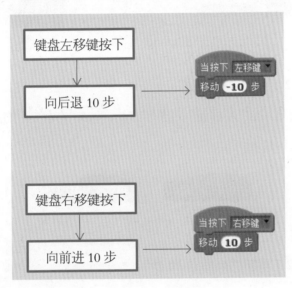

图 3.1–9

4.2 编写程序

利用流程图的分析，我们用 Scratch 将程序编写出来。

4.2.1 添加"左移键"

在"事件"中找到 当按下 空格键 ，拖动到程序编辑区，如图 3.1–10 所示。

SCRATCH 与机器人

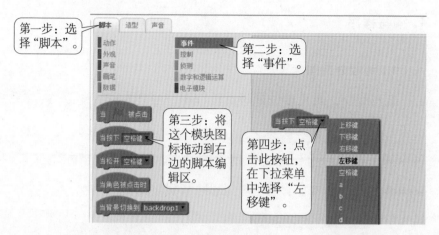

图 3.1–10

4.2.2 添加"右移键"

重复添加"左移键"的操作方法，完成"右移键"的添加，如图 3.1–11 所示。

图 3.1–11

4.2.3 添加"向后退 10 步"

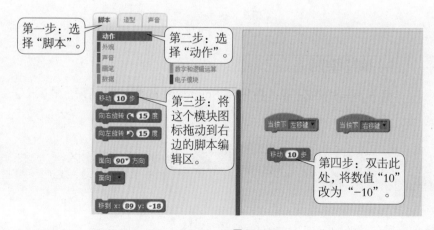

图 3.1–12

4.2.4 添加"向前进 10 步"

重复添加"向后退 10 步"的操作方法，完成"向前进 10 步"的添加，如图 3.1–13 所示。

图 3.1–13

4.2.5 连接模块

按流程图的分析将模块图标连接好（如图 3.1–14 所示）。

按键盘上的左移键、右移键，狮子是不是优哉游哉地行走呀!

图 3.1–14

4.3 保存项目

到此，狮子行走的程序已制作完成了，我们单击文件菜单中"保存项目"程序，如图 3.1–15 所示。

图 3.1–15

SCRATCH 与机器人

小朋友们想一想，如何能让狮子行走得快一点呢？

5．扩展

图 3.1-16

如何让狮子往左边走的时候，头也是朝左边的？（如图 3.1-16 所示）

在动作库中，有个 面向 90▼ 方向 的模块，它的作用就是将角色翻转一个方向。因此我们只需要在程序后面加上此图标，并将数值 "-10" 改为 "10"，如图 3.1-17 所示。

图 3.1-17

图 3.1-18

咦，怎会变成这样了？（如图 3.1-18 所示）

噢，原来是旋转方式没有加，我们要把 将旋转模式设定为 左-右翻转▼ 加上（如图 3.1-19）。

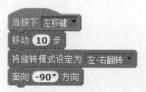   

图 3.1-19

想一想：

将x坐标增加 10 与 移动 10 步 功能相同吗？

第 2 节　接水果

1. 引言

在上一节中，我们学习了键盘上左右键控制角色左右移动的程序，可别小看它哦，它的应用是非常广的，只要是涉及键盘左右控制移动的都可以采用此程序，接下来的这个"接水果"游戏也会用到此程序。

游戏名称：接水果。

游戏规则：游戏开始，小花猫躲避闪电，就可以接到更多的水果。

舞台：苹果园

角色：小花猫、苹果、闪电

2.搭建舞台

参考上一节添加舞台的操作方法，完成舞台的添加，完成后如图 3.2-1 所示。

图 3.2-1

3.添加角色

参考上一节添加角色的操作方法，完成角色的添加。

3.1 添加"小花猫"角色

从角色库中选择"小花猫"的角色，完成后如图 3.2-2 所示。

图 3.2-2

3.2 添加"苹果"角色

共有 4 个，从角色库中选出"苹果"的角色，完成后

如图 3.2–3 所示。

图 3.2–3

3.3 添加"闪电"角色

从角色库中选出"闪电"的角色，完成后如图3.2–4所示。

图 3.2–4

4．编写程序

4.1 认识坐标

在编写"接水果"的程序之前，我们先来学习坐标。

舞台的中心是（0，0），水平为 x 轴，垂直为 y 轴。

x 轴：中心点往右是（+），中心点往左是（-）。

y 轴：中心点往上是（+），中心点往下是（-）。（如

图 3.2–5 所示）

了解了坐标后才能控制角色在舞台的位置及移动。

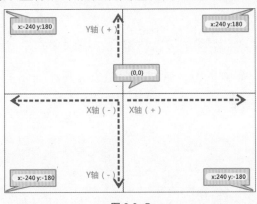

图 3.2–5

SCRATCH 与机器人

我们通过一个小实例（键盘控制）来巩固一下坐标的知识。本实例的目的是让我们了解事件触发才会有动作，当绿旗被按下，会先将物件移到坐标（0，0）处，然后再分别定义键盘的上、下、左、右键的动作。

（1）往上：当按下"上移键"，向上进 10 步；

（2）往下：当按下"下移键"，向下进 10 步；

（3）往左：当按下"左移键"，向左进 10 步；

（4）往右：当按下"右移键"，向右进 10 步。

编写好的程序如图 3.2-6 所示。

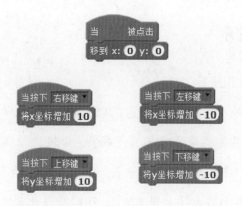

图 3.2-6

4.2 流程分析图

4.2.1 小猫

每按一下左移键或右移键，小猫水平向左或水平向右走 10 步；碰到闪电，游戏立即结束。其流程如下所示。

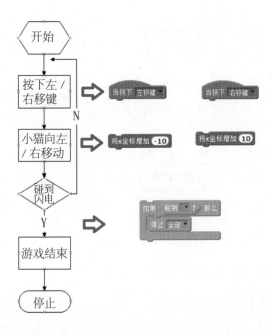

4.2.2 苹果

苹果是随机出现在屏幕上方的，如果碰到小猫就隐藏，否则一直往下落，其流程如下所示。

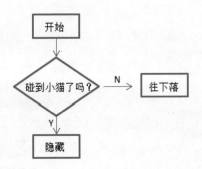

4.2.3 闪电

闪电也是随机出现在屏幕上的，如果碰到小猫，游戏就结束；否则会不时地在屏幕上闪现，其流程如下所示。

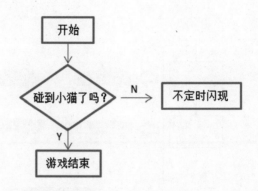

4.3 编写角色程序

根据流程图编写角色的程序。

4.3.1 "小花猫"角色

每按一下左移键或右移键，小猫水平向左或水平向右走10步；碰到闪电，游戏立即结束。

第一步：在"事件"中找到 当按下 空格键 ，拖动两个到脚本区。

第二步：在"外观"中找到 下一个造型 和 说 Hello! 2 秒 ，各拖动两个到脚本区。

第三步：在"动作"中找到 将x坐标增加 10 和 面向 90° 方向 ，各拖动两个到脚本区。

第四步：在"控制"中找到 如果 那么 和 停止 全部 ，各拖动两个到脚本区。

第五步：在"侦测"中找到 碰到 ? ，拖动到脚本区。

第六步：按流程图设置好参数，程序如图3.2–7所示。

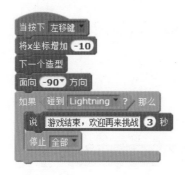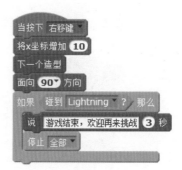

图 3.2-7

想一想：为什么要加一个"下一个造型"的模块图标？

4.3.2 "苹果"角色

第一步：在"事件"中找到 当按下 空格键▼ ，拖动两个到脚本区。

第二步：在"外观"中找到 将角色的大小设定为 100 、显示 和 隐藏 ，拖动到脚本区。

第三步：在"动作"中找到 将x坐标设定为 0 和将y坐标增加 10 ，拖动到脚本区。

第四步：在"动作"中找到 将y坐标设定为 0 ，拖动两个到脚本区。

第五步：在"数字和逻辑运算"中找到 在 1 到 10 间随机选一个数 ，拖动到脚本区。

第六步：在"侦测"中找到 碰到 ▼ ？，拖动到脚本区。

第七步：在"控制"中找到 如果 那么 、重复执行 10 次 和 重复执行 ，拖动到脚本区。

第八步：按流程图设置好参数，程序如图 3.2–8 所示。

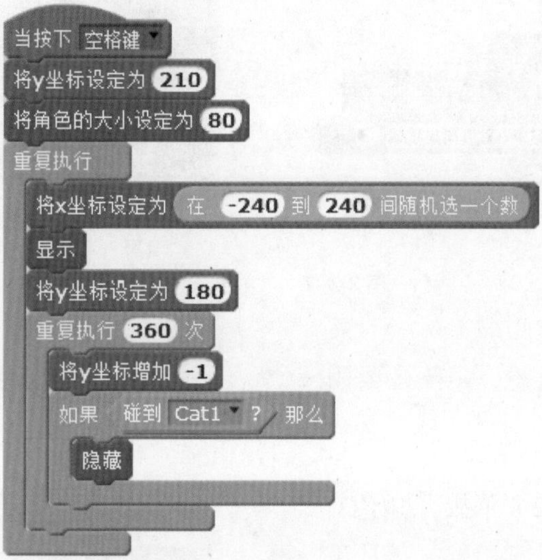

图 3.2–8

4.3.3 "闪电"角色

第一步：在"事件"中找到 当按下 空格键 ，拖动两个到脚本区。

第二步：在"外观"中找到 将角色的大小设定为 100 和 显示 ，拖动到脚本区。

第三步：在"外观"中找到 隐藏 ，拖动两个到脚本区。

第四步：在"动作"中找到 将x坐标设定为 0 和 将y坐标增加 10 ，拖动到脚本区。

第五步：在"动作"中找到 将y坐标设定为 0 ，拖动两个到脚本区。

第六步：在"数字和逻辑运算"中找到 在 1 到 10 间随机选一个数 ，拖动到脚本区。

第七步: 在"侦测"中找到 ,拖动到脚本区。

第八步: 在"控制"中找到

第九步: 按流程图设置好参数,程序如图 3.2-9 所示。

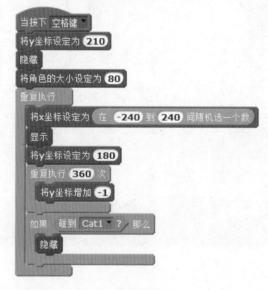

图 3.2-9

4.4 保存项目和运行

到此,接水果的游戏已制作完成了,我们单击文件菜单的"保存项目"程序,如图 3.2-10 所示。

图 3.2-10

SCRATCH 与机器人

运行程序，进行接水果比赛吧。

想一想：如何让苹果往下落的速度更快些？

图 3.2—11

第 3 节　抽奖器

1. 引言

抽奖了，抽奖了，大家快来抽奖吧，奖品丰富，一抽就有奖，永不落空，一等奖马尔代夫旅游，二等奖名牌电视机一台……经过大型商场的门口，就不时会传来这些抽奖信息，引得人们排队抽奖，增加人气。抽奖器是如何做成的呢？

2. 任务介绍

抽奖机是用来抽各种奖的机器。适用于法院、政府机

构、企事业等需要展示公平公正的单位或者有抽奖或者选
号环节的所有活动。可分转盘式、箱式、搅拌式的抽奖器。

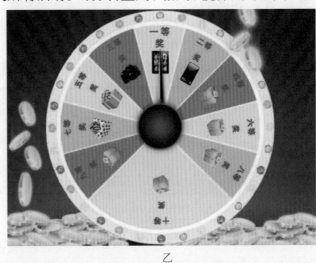

甲 乙

图 3.3-1

我们要做的抽奖器就是一种转盘式的，是在一块圆形
的面板上设置很多的奖项，在圆形面板的前面有一根固定
的指针，它的基本原理是物体围绕圆心转动。

3. 舞台搭建

参考本章第一节添加舞台的操作方法，完成舞台的添
加，完成后如图 3.3-2 所示。

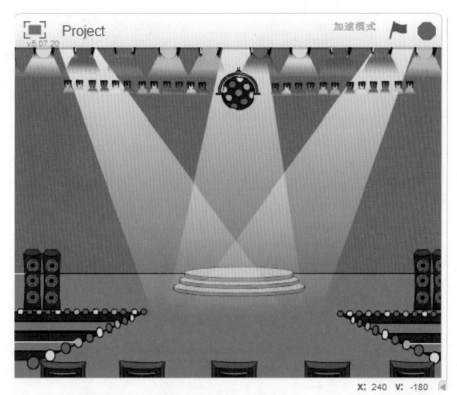

图 3.3–2

4. 创建角色

这个项目需要两个角色："指针"和"转盘"。

4.1 认识绘图编辑器

在新增舞台背景和角色时，我们都会用到"绘图编辑器"。它有什么作用呢？它可以让我们自行绘制舞台背景和角色，操作简单，只要学过或用过微软的"画图"软件，都可以操作。

4.1.1 打开"绘图编辑器"

在新建角色按钮区，选择"绘制新角色"，就可以打开"绘图编辑器"，如图 3.3–3 所示。

SCRATCH 与机器人

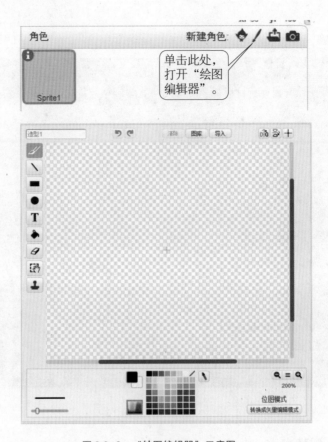

图 3.3-3 "绘图编辑器" 示意图

4.1.2 认识各面板

工具列：含有放大、缩小、旋转、左右翻转、上下翻转等工具，如下表所示。

	左右翻转		撤销
	上下翻转		重做
	放大	清除	清除
	缩小	图库	图库
	设置造型中心	导入	导入

工具箱：提供了常用的绘画工具，如下表所示。

✍	画笔工具	✎	线段工具
▬	矩形工具	●	椭圆工具
T	文字输入工具	◆	填充工具
✐	擦除工具	⬚	选择工具
⬇	选择并复制工具	✐	取色工具

属性栏：当选择某个绘画工具时，在状态栏中就会出现该工具的不同选项，例如笔的粗细、是否有填充色等，如图 3.3–4 所示。

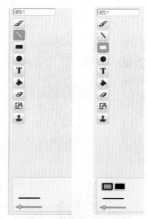

图 3.3–4

颜色选择框：根据需要选择合适的颜色，如图 3.3–5 所示。

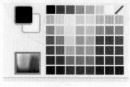

图 3.3–5

4.2. 绘制角色

4.2.1 转盘

小提示：画圆时，按住 Shift 键，可画出正圆形。

SCRATCH 与机器人

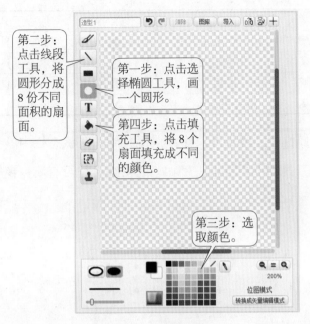

图 3.3–6

绘制好的转盘如图 3.3–7 所示。

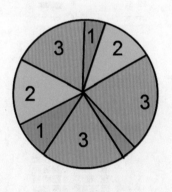

图 3.3–7

4.2.2 指针

重复绘制转盘的步骤，绘制指针，完成后如图 3.3–8 所示。

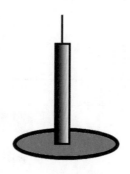

图 3.3-8

4.2.3 舞美效果

创建好的角色和舞台背景的配合效果如图3.3-9所示。

图 3.3-9

5. 编写角色程序

5.1 设计思路

想 法	模 块
按下空格键开始	当按下 空格键▼
使"转盘"角色向右旋转起来	向右旋转 ↻ 15 度
从 50 到 300 间随机选一个数为 n，重复 n 次执行以上动作	重复执行 在 50 到 300 间随机选一个数 次

5.2 流程分析

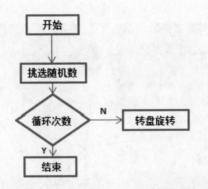

5.3 编写角色程序

第一步：在"事件"中找到 当按下 空格键▼ ，拖动两个到脚本区。

第二步：在"动作"中找到 向右旋转 ↻ 15 度 ，拖动到脚本区。

第三步：在"数字和逻辑运算"中找到 在 1 到 10 间随机选一个数 ，拖动到脚本区。

第四步：在"控制"中找到 重复执行 10 次 ，拖动到脚本区。

第五步：按流程图设置好参数，程序如图 3.3–10 所示。

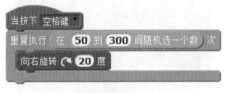

图 3.3–10

5.4 保存项目和运行

到此，抽奖器已制作完成了，我们单击文件菜单的"保存项目"程序，如图 3.3–11 所示。

图 3.3–11

运行程序，进行抽奖吧。

6．实体搭建

利用手头上的零件来搭建一个抽奖器，搭建好的模型如图 3.3–12 所示。

图 3.3-12

7. 实体程序编写

想一想：我们怎样才能通过软件来控制机器人的眼睛一闪一闪的？

是不是将上面的"向右旋转 20 度"换成马达模块的就可以了呢？

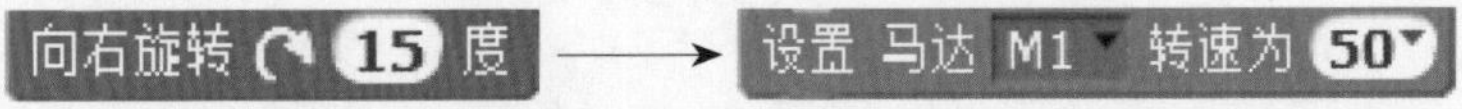

向右旋转 ↻ **15** 度 ⟶ 设置 马达 M1▾ 转速为 **50**▾

我们来试一下吧。

当按下 空格键▾
重复执行 在 **50** 到 **30** 间随机选一个数 次
设置 马达 M1▾ 转速为 **30**▾

图 3.3-13

E2-RCU 跟计算机连接。

参考上一章的方法，将 E2-RCU 跟 Scratch 软件连接好，如图 3.3–14 所示。

甲　　　　　　　　　乙

丙

图 3.3–14

这时候 Scratch 就可以通过有线 USB 和 E2 控制器通信了。

此时，当我们按下空格键后，马达模块根本停不下来，这是为什么呢？原来是我们没有加一个马达模块停止的图标，所以我们把它加上去，如图 3.3–15 所示。

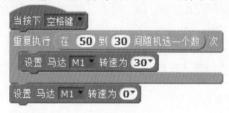

图 3.3–15

是不是能停止了呢？

那我们就可以用这个模型来跟好朋友抽奖，看谁的运气好！行动吧，小朋友们。

第 4 节　机器人的表情

1. 引言

当妈妈夸我们的时候，我们往往露出什么样的表情呢？（开心）

那当妈妈批评我们的时候，我们又会有什么样的心情呢？（伤心）

2. 任务分析

人的表情主要包括三个方面：面部表情、语言声调表情和身体姿态表情。

我们要做的是机器人的面部表情。当人开心的时候，嘴角上扬；当人不开心的时候，嘴角下弯，如图 3.4–1 所示。

甲　　　　　　　乙

图 3.4–1

3. 舞台搭建

根据所学到的知识，我们来搭建一个简单的舞台，如图 3.4–2 所示。

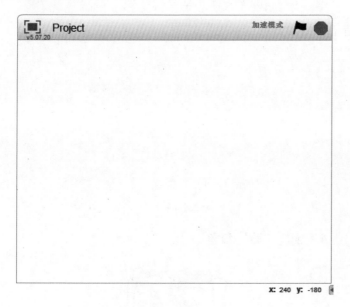

图 3.4–2

想一想：为什么舞台是空白的？你能画一个与众不同的舞台出来吗？

4. 创建角色

这个项目需要4个角色："左眼""右眼""嘴巴"和"脸"。

4.1 创建"左眼"角色

图 3.4-3

在上一节课中，我们已经学习了 Scratch 软件的"绘图编辑器"，现在我们再来用它绘制"左眼"的角色，绘制好的"左眼"如图 3.4-3 所示。

4.2 创建"右眼"角色

图 3.4-4

用重复绘制"左眼"的方法来创建"右眼"的角色，创建好的角色如图 3.4-4 所示。

4.3 创建"嘴巴"角色

"嘴巴"角色有两个造型，分别是笑的造型和伤心的造型，创建好的"嘴巴"如图 3.4-5 所示。

甲、笑的造型　　　　乙、伤心的造型

图 3.4-5

4.4 创建"脸"角色

图 3.4-6

4.5 舞美效果

将绘制好的角色放置在"脸"部相对应的位置上，并置入舞台，如图 3.4–7 所示。

甲、笑脸　　　　　　　　　乙、伤心

图 3.4–7

5．编写角色程序

5.1 设计思路分析

想　法	模　块
按下空格键开始	当按下 空格键
使"左眼"角色眼睛盯着鼠标看	面向 鼠标指针
使"右眼"角色眼睛盯着鼠标看	面向 鼠标指针
使"嘴巴"角色随机隔几秒钟进行造型的切换	下一个造型

5.2 流程分析图

根据设计思路，我们可以得到以下流程图。

5.2.1 "眼睛"的流程

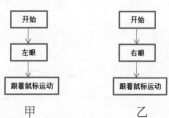

甲　　　　　　　　乙

SCRATCH 与机器人

5.2.2 "嘴巴"的流程

5.3 编写角色程序

5.3.1 "左眼"角色程序

根据流程图的分析，我们来编写"左眼"角色的程序。

第一步：在"事件"中找到 当按下 空格键，拖动两个到脚本区。

第二步：在"动作"中找到 面向，拖动到脚本区。

第三步：在"控制"中找到 重复执行，拖动到脚本区。

第四步：按流程图设置好参数，程序如图 3.4–8 所示。

图 3.4–8

5.3.2 "右眼"角色程序

从流程图分析得知"右眼"角色的程序跟"左眼"角色的程序一样，所以我们按照"左眼"角色编写程序，编写好的程序如图 3.4–9 所示。

图 3.4-9

5.3.3 "嘴巴" 角色程序

第一步：在"事件"中找到 当按下 空格键 ，拖动两个到脚本区。

第二步：在"外观"中找到 下一个造型 ，拖动到脚本区。

第三步：在"数字和逻辑运算"中找到 在 1 到 10 间随机选一个数 ，拖动到脚本区。

第四步：在"控制"中找到 重复执行 和 等待 1 秒 ，拖动到脚本区。

第五步：按流程图设置好参数，程序如图 3.4-10 所示。

图 3.4-10

5.4 保存项目和运行

到此，表情机器人已制作完成了，我们单击文件菜单的"保存项目"程序，如图 3.4-11 所示。

图 3.4-11

SCRATCH 与机器人

当我们按下"空格键",表情机器人的"眼睛"是不是随着鼠标运动?"嘴巴"是不是隔几秒就在"笑"和"伤心"两个表情间来回变换?

6. 实体搭建

利用手头上的零件来搭建一个表情机器人,搭建好的模型如图 3.4–12 所示。

图 3.4–12

7. 实体程序编写

7.1 程序编写

第一步:在"事件"中找到 当按下 空格键▼ ,拖动两个到脚本区。

第二步:在"电子模块"中找到 设置 马达 M1▼ 转速为 50▼ ,拖动三个到脚本区。

第三步:在"控制"中找到 等待 1 秒 ,拖动三个到脚本区。

第四步:在"控制"中找到 重复执行 ,拖动到脚本区。

第五步:按流程图设置好参数,程序如图 3.4–13 所示。

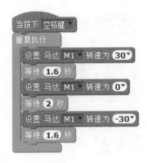

图 3.4-13

7.2 在线调试

参考上一章的方法，将 E2-RCU 跟 Scratch 软件连接好，如图 3.4-14 所示。

甲　　　　　　　　　　　乙

图 3.4-14

当我们按下空格键后，机器人是不是左右摆动，且表情随之变化(在开心表情和伤心表情之间切换)？ 如果不是，我们该如何修改？

7.3 程序下载

根据所学的知识，将程序下载到机器人中，让机器人离线运行。

第一步：将 当按下 空格键 换成 E2-RCU 主程序 ，如图 3.4-15 所示。

SCRATCH 与机器人

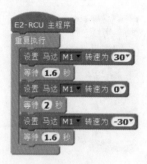

图 3.4–15

第二步：移动鼠标到 E2-RCU 处，单击右键，弹出如图 3.4–16 所示对话框，点击"编译"。

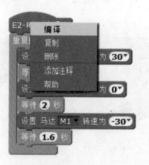

图 3.4–16

编译成功后，弹出如图 3.4–17 所示对话框。

图 3.4–17

然后点击"下载"，弹出下载提示框，如图 3.4–18 所示。

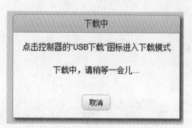

图 3.4–18

第三步：将 E2-RCU 跟计算机连接，点击"USB 下载"，如图 3.4–19 所示。

图 3.4–19

等待一会儿，弹出一个对话框，如图 3.4–20 所示，提示下载成功，点击"确定"并关掉对话框就可以了。

图 3.4–20

第四步：轻按"POWER"键，重启 E2-RCU，在主菜单中点击"运行 JMAPP1"就可以了。

甲

乙

图 3.4–21

如果程序运行后的效果不理想，则可以回到软件中修改程序，然后再下载到机器人中去。

8. 拓展

想一想：图 3.4–22 中的这段程序与我们所学的功能相同吗？

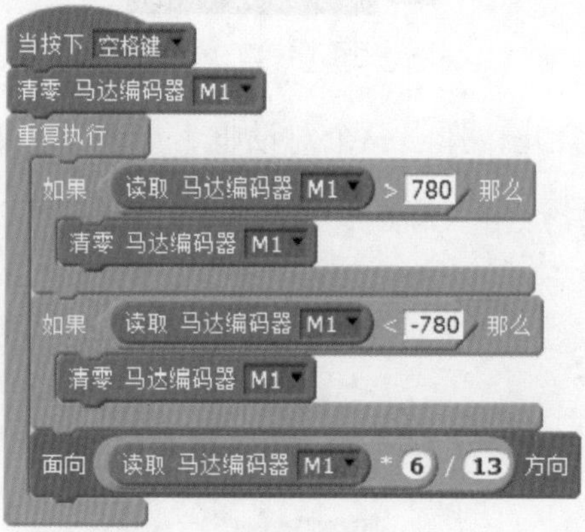

图 3.4–22

第四章

Scratch 的基础硬件

SCRATCH 与机器人

图 4-1

　　Scratch 软件除了单纯在计算机上编写程序，还可以与外部的硬件一起配合使用，例如我们可通过程序设计控制彩灯的亮与灭、马达模块的转动与停止、声音模块的响和不响等，除此之外，Scratch 软件还可以感受外界环境变化，并且做出反应，就像人一样能够对外界刺激做出反应，这个过程是通过控制器完成的。例如，它会感受滑杆传感器当前的数值，并且把这个数值转变为自己的旋转角度，除了可以控制自己的旋转，还可以控制一个真实的马达旋转时间，这就使得该软件不仅是一个虚拟世界的软件，而且变成了虚拟世界和真实世界沟通的最简单最直观的工具，实现 Scratch 软件模拟功能实体化。

第 1 节　机器人如何眨眼睛

1. 引言

怎样才能让机器人的眼睛像星星那样眨呀眨呢？这节课我们通过 Scratch 软件来点亮机器人的 LED 彩灯模块，让机器人来眨下眼睛吧。

2. 任务介绍

在制作机器人之前，首先要确定机器人的任务。在本节中，我们要做一个会眨眼睛的机器人。那么怎么做呢？

其实原理很简单，那就是通过 RCU 控制发光模块的发光来实现机器人的眨眼睛。机器人的 LED 彩灯模块采用全彩 LED。全彩 LED 内置了红（Red）、绿（Green）和蓝（Blue）三种颜色的灯珠，通过控制不同颜色灯珠的亮度，根据三基色的原理调出多种颜色。E2-RCU 机器人能显示红、绿、蓝、黄、紫、青、白 7 种颜色。

JMP-BE-1517 彩灯模块是一个可以发出多种颜色光的模块，通过信号线可以控制彩灯模块的亮与灭，可适用于指示功能用途和跑马灯或广告灯等。实物图如图 4.1–1 所示。

图 4.1–1

3. 舞台搭建

我们做一个简单的舞台，能够看到灯的亮与灭即可，如图 4.1–2 所示。

图 4.1-2　舞台

4. 创建角色

为了降低我们画图的难度，我们画一个实心圆来表示彩灯，给实心圆涂上不同的颜色就表示彩灯亮的各种颜色。我们规定黑色表示彩灯的熄灭，红色表示彩灯的亮启。因此，我们只需要创建一个角色、两个造型（黑色、红色实心圆）。

4.1 绘制造型 1

甲　　　　　　　　　　　　乙

图 4.1-3

SCRATCH 与机器人

图 4.1-4

图 4.1-5

图 4.1-6

将鼠标移动到画图区域，按住键盘上的 Shift 键和鼠标左键画圆圈，画好后，松开 Shift 键和鼠标左键。画好的黑色实心圆就表示彩灯的熄灭，如图 4.1-4 所示。

4.2 绘制造型 2

如图 4.1-5 所示，绘制新造型，重复画黑色实心圆的操作方法来画红色实心圆，画好后如图 4.1-6 所示。

创建好的角色如图 4.1-7 所示。

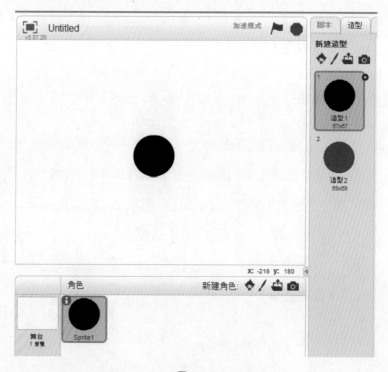

图 4.1-7

5. 编写角色程序

5.1 流程分析图

我们一般是怎样眨眼睛的？是不是眼睛一闭一合的

呢？机器人眨眼睛也是一样的道理，彩灯一亮一灭的。具体流程图如图 4.1–8 所示。

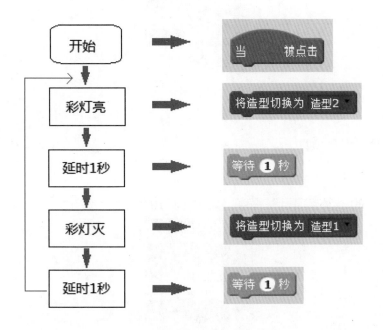

图 4.1–8

5.2 编写角色程序

根据流程图来编写程序。

第一步：在"事件"中找到 当 被点击，拖动到脚本区。我们加入这个模块的目的是方便我们的操作，当我们点击了"绿色旗帜"，彩灯才开始工作，否则不工作。

第二步：在"外观"中找到 将造型切换为 造型1，拖动两个到脚本区。

第三步：在"控制"中找到 等待 1 秒，拖动两个到脚本区。

第四步：在"控制"中找到 重复执行，拖动到脚本区。

第五步：按图 4.1–9 设置好参数。

SCRATCH 与机器人

图 4.1-9

当我们点击了"绿色旗帜",彩灯是不是一闪一闪的呢?

5.3 保存项目

到此,彩灯闪烁的程序已制作完成,我们单击文件菜单的"保存项目"程序,如图 4.1-10 所示。

图 4.1-10

6. 实体搭建

利用现有的零件来搭建一个眨眼睛的机器人,搭建好的模型如图 4.1-11 所示。

图 4.1-11

7. 实体程序编写

7.1 程序编写

我们怎样才能通过软件来控制机器人的眼睛一闪一闪的呢？

是不是将上面的造型换成彩灯即可呢？

来，我们试一试。换好后的程序如图 4.1–12 所示。

图 4.1–12

连接好 E2-RCU（具体的连接方法请参考第二章），点击软件上的绿色旗帜的图标（如图 4.1–13 所示），然后按下空格键，机器人就开始眨眼睛了。

图 4.1–13

7.2 程序下载

除在线连接运行程序外，我们还可以离线运行程序，请看下面。

第一步：在"电子模块"中找到 E2-RCU 主程序，拖动到角本区将 当 被点击 替换掉就可以了，如图 4.1–14 所示。

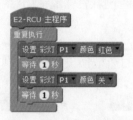

图 4.1–14

第二步：选中角本区的 E2-RCU 主程序 并单击右键，在弹出的菜单中选择"编译"，如图 4.1–15 所示。

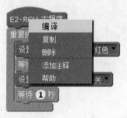

图 4.1–15

编译成功后，弹出图 4.1–16 所示的对话框。

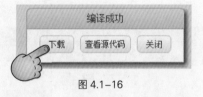

图 4.1–16

然后点击"下载"，弹出下载提示框，如图 4.1–17 所示。

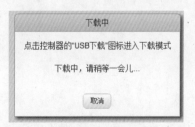

图 4.1–17

　　第三步：将 E2-RCU 跟计算机连接，点击 "USB 下载"，如图 4.1–18 所示。

图 4.1–18

　　等待一会儿，弹出一个提示 "下载完成" 的对话框，点击 "确定"，关掉对话框就可以了，如图 4.1–19 所示。

图 4.1–19

　　第四步：轻按 "POWER" 键，重启 E2-RCU，在主菜单中点击 "运行 JMAPP1" 就可以了。

甲　　　　　　　　乙

图 4.1–20

　　看！机器人在眨着红色的眼睛向你打招呼呢！

　　如果运行后的效果不理想，可以回到软件中修改程序，然后再下载到机器人中去。

SCRATCH 与机器人

思考题

1. 设计一个程序，让机器人的眼睛眨得更快些。

2. 如何使机器人的眼睛发出蓝光，并亮得时间长，灭得时间短呢？

第 2 节　使机器人更智能

1. 引言

哇！机器人会眨眼睛了，但这样多不节能呀！不管有没有人在，它都傻乎乎地眨着眼睛。怎样才能让它变得更聪明点呢？有人拍它的时候，就眨一下眼睛，没有人拍的时候，就不用眨眼睛。

还是那一句话，不用着急，跟我来吧。

2. 任务介绍

让我们给机器人前面装上触碰传感器，这样，当机器人前面有障碍物时，机器人就能感应到。因此，我们可以根据机器人是否接收到触碰传感器返回的信号为标准，来判断是否有人拍打机器人。如果有人拍打机器人，则触碰传感器返回值为"1"，在这种情况下我们可以在程序中设定机器人眨眼睛；如果没有人拍打机器人，则触碰传感器返回值为"0"，这时机器人不用眨眼睛。

JMP-BE-1611 触碰传感器是一个利用接触轮实现检测触碰与否的电子部件，实物图如图 4.2-1 所示。

图 4.2-1

3. 舞台搭建

用上节课做好的舞台就可以了，无须再重新做。

4. 创建角色

用上节课创建好的角色即可。

5. 编写角色程序

5.1 流程分析图

当有人拍机器人的时候，它就眨一下眼睛；没有人拍的时候，它就不用眨眼睛。具体流程如下所示。

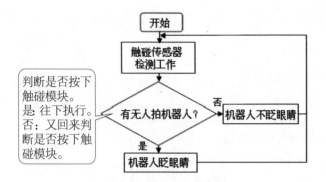

判断是否按下触碰模块。
是: 往下执行。
否: 又回来判断是否按下触碰模块。

5.2 编写角色程序

首先，我们先在 Scratch 平台上仿真一下，看看程序的流程有没有错误。

第一步: 在"事件"中找到 当 被点击，拖动到脚本区。

第二步: 在"外观"中找到 将造型切换为 造型1，拖动三个到脚本区。

第三步: 在"控制"中找到 等待 1 秒，拖动两个到脚本区。

第四步: 在"控制"中找到 重复执行 和 如果 那么 否则，拖动到脚本区。

第五步: 在"侦测"中找到 按键 空格键 是否按下?，拖动到脚本区。

第六步: 按流程图连接好程序，并设置好参数，如图 4.2–2 所示。

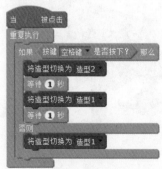

图 4.2–2

当我们点击了"绿色旗帜"，机器人是不是在我们按下"空格键"后才眨眼睛的？如果不是，我们该如何做？

5.3 保存项目

到此，程序已制作完成了，我们单击文件菜单的"保存项目"程序，如图 4.2–3 所示。

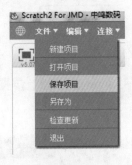

图 4.2–3

6. 实体搭建

利用手头上的零件来搭建一个节能小卫士，搭建好的模型如图 4.2–4 所示。

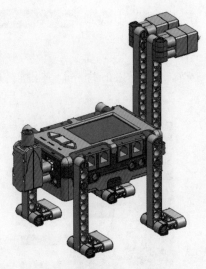

图 4.2–4

7. 实体程序编写

7.1 程序编写

跟我们上节课学习的方法一样，只需将造型换成彩灯、空格键换成触碰就可以了，如图 4.2–5 所示。

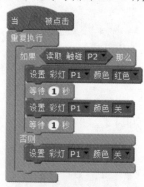

图 4.2–5

连接好 E2-RCU（具体的连接方法请参考第二章），点击软件上的绿色旗帜的图标，然后观察机器人是不是当触碰模块按下时才开始眨眼睛的。

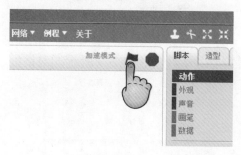

图 4.2–6

7.2 程序下载

跟上节课的方法一样，在"电子模块"中找到 E2-RCU 主程序 ，拖动到脚本区将 当　　被点击 替换掉就可以了，如图 4.2–7 所示。

124

SCRATCH 与机器人

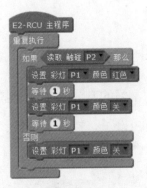

图 4.2-7

然后选中脚本区的  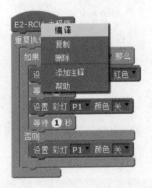 并单击右键，在弹出的菜单中选择"编译"，如图 4.2-8 所示。

图 4.2-8

编译成功后，弹出如图 4.2-9 所示的对话框。

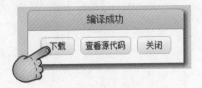

图 4.2-9

然后点击"下载"，弹出下载提示框，如图 4.2-10 所示。

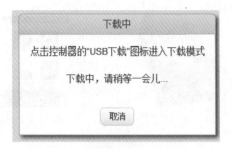

图 4.2–10

最后将 E2-RCU 与计算机连接，点击"USB 下载"，如图 4.2–11 所示。

图 4.2–11

等待一会儿，弹出一个提示"下载完成"的对话框，点击"确定"关掉对话框就可以了，如图 4.2–12 所示。

图 4.2–12

轻按"POWER"键，重启 E2-RCU，在主菜单中点击"运行 JMAPP1"就可以了，如图 4.2–13 所示。

甲   乙

图 4.2-13

看！机器人多聪明啊，当有人触碰它的时候才眨眼睛哦！不拍就闭起眼睛懒得理你呢！

思考题

1.本节中制作的机器人，在调试中会碰到什么问题？是不是所有的来人触碰它，它都能眨眼睛跟他们打招呼呢？如果不能，请分析其中的原因，并思考应该怎么做。

2.如何做才能使机器人眨眼睛的效果更好些？

第 3 节　制作电风扇

1. 引言

　　夏天到了，好热呀，柳叶无力地轻垂着，鸟儿也没了叫声，汗水一颗一颗地往下滴，天怎么会这么热呢？怎样才能降温呢？下雨？天空万里无云。喝冰水？到哪里找冰？吹空调？万能的快递也给热趴下了，三天了还没有到。扇扇子？自己动手丰衣足食！对了，我们可以利用手中的零件搭建一台风扇哦！

图 4.3-1

2. 任务介绍

风扇是用电驱动产生气流的装置，内部配置的扇叶通电后进行转动激发空气流动来达到乘凉的目的。它由转子、定子、控制电路、扇叶四部分组成。

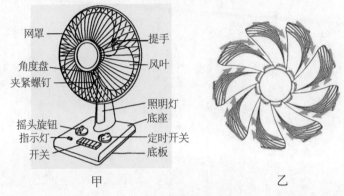

图 4.3-2

风扇的主要部件是电机，俗称马达。其工作原理是通电线圈在磁场中受力而转动。它能将电能转换成机械能。

小知识：

风扇工作时（假设房间与外界没有热传递）室内的温度不仅没有降低，反而会升高。让我们一起来分析一下温度升高的原因：风扇工作时，由于有电流通过风扇的线圈，导线有电阻，所以会产生热量而向外放热，故温度会升高。但人们为什么会感觉到凉爽呢？因为人体的表面有大量的汗液，当风扇工作起来，室内的空气会流动，所以就能够促进汗液的蒸发，蒸发需要吸热，因此人们会感觉到凉爽。

中鸣机器人马达模块就是电机中的一种，是直流电机。它是机器人的动力模块，可以通过 RCU 的信号控制，实现正转、反转、刹车（停转）等功能。从静止到最高速的运动过程中有 0 ～ 100 节速度可调节。实物如图 4.3-3 所示。

图 4.3-3

3. 舞台搭建

单击列表舞台的缩略图，打开舞台背景库，选取相应的舞台背景图，如图 4.3-4 所示。

甲

乙

图 4.3-4

4．创建角色

　　本项目需要两个角色：扇叶和风扇的外形。用学到的知识，创建好风扇角色，如图 4.3–5 所示。

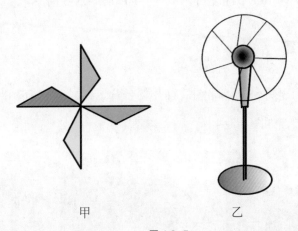

甲　　　　　　　乙

图 4.3–5

　　创建好的角色及舞台背景的配合效果如图 4.3–6 所示。

图 4.3–6

5. 编写角色程序

5.1 流程分析图

接上电源，打开电源按钮，风扇就开始转动起来，流程分析如下。

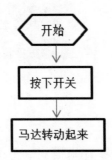

5.2 编写程序

第一步: 在"事件"中找到 当按下 空格键，拖动到脚本区。

第二步: 在"动作"中找到 向右旋转 15 度，拖动到脚本区。

第三步: 按流程图连接好程序，并设置好参数，如图 4.3–7 所示。

图 4.3–7

想一想: 为什么这里要设置向右旋转而不是向左旋转呢?

5.3 保存项目

到此，风扇的程序已制作完成了，当我们按下空格键时，风扇是不是在转动?

当确保程序没有问题了，单击文件菜单"保存项目"程序，如图4.3–8所示。

图 4.3–8

6. 实体搭建

利用手头上的零件来搭建一个风扇，搭建好的模型如图 4.3–9 所示。

图 4.3–9

7．实体程序编写

7.1 程序编写

这个程序的基本思路是通过控制机器人的马达以一个速度正转，从而达到风扇转动的目的。由于 Scratch 软件支持并行的程序结构，所以为了方便我们的观察，我们不需要在源程序中修改，在旁边另写一个程序，如图 4.3–10 所示。

图 4.3–10

连接好 E2-RCU（具体的连接方法请参考第二章），当我们按下空格键，就可以同时在电脑和实体中看到风扇的转动情况了。

7.2 程序下载

还是老方法，将 E2-RCU 主程序替换掉 当按下 空格键 即可，如图 4.3-11 所示。

图 4.3–11

然后点击"编译""下载"，这样程序就下载到 E2-RCU 机器人中，可以离线运行了。重新打开电源，并运行程序。看，风扇是不是在转动了？

8. 拓展

风扇好笨呀，只会以一个速度转动，都没啥风，能不能让风扇分别以"1""2""3""4"挡的速度旋转呢？这个 easy（容易），跟我来吧!

8.1 创建角色

我们在原来的基础上给它创建一个挡位，如图 4.3-12 所示。

图 4.3-12

舞美效果如图 4.3-13 所示。

图 4.3-13

8.2 流程分析

我们用向右旋转 5 度、15 度、25 度、35 度分别表示
"1" "2" "3" "4" 挡风扇转动的速度。

当我们按下 "1" 挡时，风扇以向右旋转 5 度的速度转动，
按下 "2" 挡时，风扇以向右旋转 15 度的速度转动，以此类推，
可以得到以下流程图。

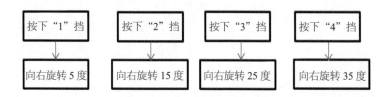

8.3 程序编写

根据流程图编写程序，编写好的程序如图 4.3-14 所示。

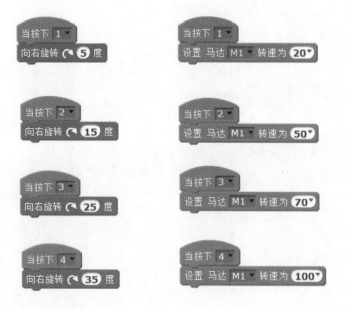

图 4.3-14

连接好 E2-RCU，是不是我们按下不同的挡位风扇以
不同的速度旋转？

SCRATCH 与机器人

思考题

我们如何将有挡位的风扇程序下载到机器人中，让机器人离线运行？

第 4 节　交通灯

1. 引言

小鸣走到一个路口，看到几辆车在抢车道通过，你不让我，我不让你的，好危险。有没有解决这个问题的方法呢？他看到了路灯，突然想到，如果装个红绿灯来控制车辆的通行，这不就行了。

2. 任务介绍

交通信号灯（如图 4.4-1 所示）由红灯、绿灯、黄灯三种颜色的灯组成。红灯表示禁止通行，绿灯表示准许通

SCRATCH 与机器人

图 4.4-1

行, 黄灯表示警示。细分为机动车信号灯、非机动车信号灯、人行横道信号灯、方向指示灯 (箭头信号灯)、车道信号灯、闪光警告信号灯、道路与铁路平面交叉道口信号灯。

我们平时所说的交通灯, 一般是指机动车信号灯。它是由红色、黄色、绿色三个圆形灯组成的, 指导机动车通行。绿灯亮时, 准许车辆通行; 黄灯闪时, 已越过停车线的车辆可以继续通行, 没有通过的应该减速慢行到停车线前停止等待; 红灯亮时, 禁止车辆通行。

想一想: 为什么交通灯由红灯、绿灯、黄灯组成, 而不用其他颜色的灯?

在本章的第 1 节中介绍过彩灯模块, 它是一个可以发出多种颜色光的模块, 所以我们可以用它来做一个交通信号灯。彩灯实物如图 4.4-2 所示。

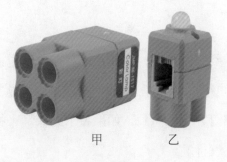

甲　　　乙

图 4.4-2

3. 舞台搭建

画好的背景图如图 4.4-3 所示。

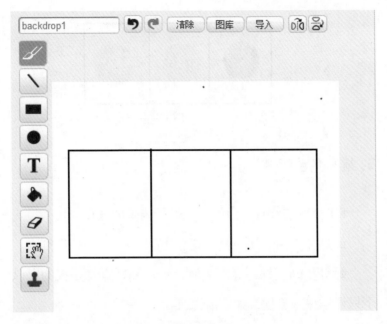

图 4.4-3

4．创建角色

本项目需要三个角色：红灯、绿灯、黄灯。

4.1 创建"红灯""绿灯""黄灯"角色

利用所学的知识创建"红灯""绿灯""黄灯"角色，创建好的角色如图 4.4-4 所示。

图 4.4-4

4.2 舞美效果

将创建好的角色放到舞台背景相应的方框里，实际的配合效果如图 4.4-5 所示。

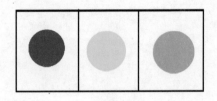

图 4.4-5

5. 编写角色程序

5.1 分析"红灯、绿灯、黄灯"闪烁的顺序

绿灯亮→绿灯闪→黄灯亮 (不闪) →红灯亮→绿灯亮。

绿灯亮的流程：绿灯亮时，红灯和黄灯都是灭的，以下只显示绿灯流程，如下流程所示。

黄灯亮的流程：黄灯亮时，绿灯和红灯都是灭的，以下只显示黄灯流程，如下流程所示。

红灯亮的流程：同理，如下流程所示。

5.2 编写角色程序

根据流程图编写程序。

第一步：设置绿灯亮 10 秒，此时红灯和黄灯都是灭的。

如图 4.4–6 所示。

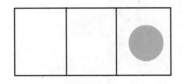

图 4.4–6

对应的脚本程序如图 4.4–7 所示。

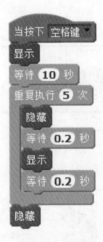

图 4.4–7

第二步：设置黄灯在绿灯亮 12 秒后亮 3 秒，黄灯亮的

同时绿灯和红灯都是灭的，如图 4.4–8 所示。

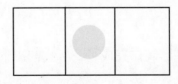

图 4.4–8

对应的脚本程序如图 4.4–9 所示。

图 4.4–9

第三步：设置红灯在 15 秒之后亮，同时绿灯和黄灯灭，如图 4.4–10 所示。

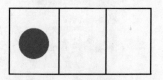

图 4.4–10

对应的脚本程序如图 4.4–11 所示。

图 4.4–11

5.3 保存项目

到此，程序已制作完成了，当我们按下空格键时，交通灯是不是开始在工作了？确保程序没有问题，我们再单击文件菜单"保存项目"程序，如图 4.4–12 所示。

图 4.4-12

6. 实体搭建

利用手头上的零件来搭建一个交通灯，搭建好的模型如图 4.4-13 所示。

图 4.4-13

7. 实体程序编写

7.1 程序编写

7.1.1 绿灯的程序

第一步：在"电子模块"中找到 `设置 彩灯 P1 颜色 红色`，

SCRATCH 与机器人

拖动三个到脚本区。

第二步：在"控制"中找到 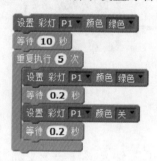 ，拖动到脚本区。

第三步：在"控制"中找到 等待 1 秒 ，拖动三个到脚本区。

第四步：按如图 4.4–14 所示设置好各模块参数。

图 4.4–14

7.1.2 设置黄灯

按重复设置绿灯的方法来设置黄灯，如图 4.4–15 所示。

图 4.4–15

7.1.3 设置红灯

图 4.4–16

7.1.4 按绿、黄、红的顺序连接好程序，如图 4.4–17 所示。

7.1.5 加个条件循环和控制按钮模块，让灯依次按着绿、黄、红的顺序亮，如图 4.4–18 所示。

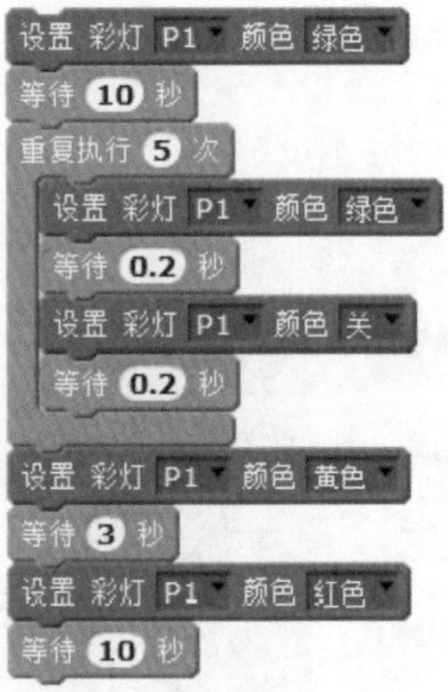

图 4.4–17

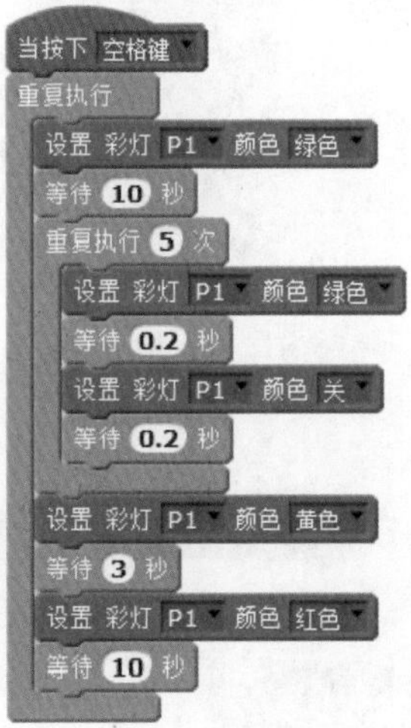

图 4.4–18

这段程序的意思是说当我们按下空格键了，交通灯才开始工作，否则不工作。

7.2 程序调试

连接好 E2-RCU（具体的连接方法请参考第二章），当我们按下空格键，就可以在实体中看到交通灯的工作情况了。如果闪烁的方式不正确，则返回程序中修改。

7.3 虚实结合

修改程序，让彩灯和其对应颜色的角色能同时亮（显示）或灭（隐藏）。

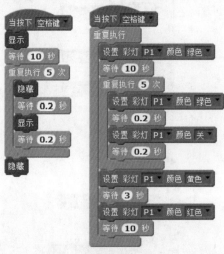

图 4.4–19

7.4 程序下载

还是老方法，将 E2-RCU 主程序 替换掉 当按下 空格键 即可，如图 4.4–20 所示。

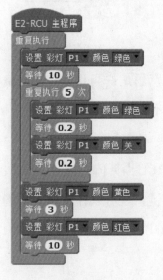

图 4.4–20

然后选中 E2-RCU 主程序 ，单击右键，并在弹出来的菜单中选择相应的命令来编译和下载程序。

当程序下载到 E2-RCU 机器人中后，重新打开电源，运行程序，交通灯是不是开始工作了？

8. 扩展

如果用两个彩灯来做交通信号灯，这又该如何处理呢？

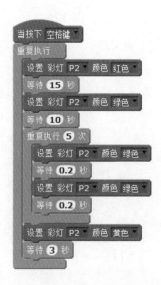

图 4.4–21

第 5 节　升降台

1. 引言

　　小鸣上学路上看到几个路政人员在维护路灯，心里想，路灯那么高，他们怎么上去呢？只见一个工人站在一个平台上，过了一会儿，平台上半部分就升了起来，哇，这不是升降台吗？

2. 任务介绍

　　升降台是一种垂直运送人或物的起重机械，也指在工厂、自动仓库等物流系统中进行垂直输送的设备。图 4.5–1

是剪叉式升降机，它靠剪刀式支撑架的展开与折叠来完成
货物平台的升降，其动力是通过油缸的伸缩来推动剪刀的
展开与折叠。

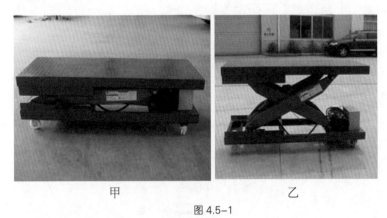

甲　　　　　　　　　　　乙

图 4.5-1

3. 舞台搭建

我们只需要一个空白的背景图即可，如图 4.5-2 所示。

图 4.5-2

4. 创建角色

4.1 创建"升降台"角色

本角色里有两个造型，一个伸展的，一个收缩的。通过这两个造型的变化，就可以完成升降台角色的"升"与"降"。创建好的角色如图 4.5-3 所示。

图 4.5-3

4.2 舞美效果

将创建好的角色放到舞台背景相应的位置，实际的配合效果如图 4.5-4 所示。

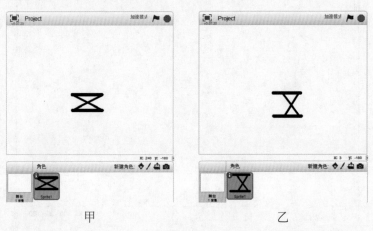

甲   乙

图 4.5-4

5．编写角色程序

5.1 流程分析图

我们仔细观察三个造型的图片，会发现造型 1 是收缩的，造型 2 是伸展的，所以我们通过角色不停地切换造型以达到升降台上升或下降的效果，如图 4.5–5 所示。

图 4.5–5

因此，也可以得到以下流程图。

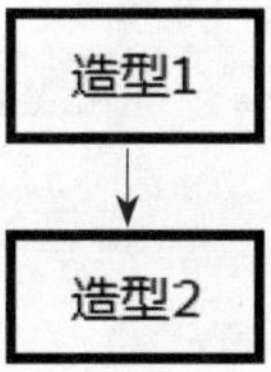

5.2 编写角色程序

根据流程图编写程序。

5.2.1 设计升降台由低往上升，切换顺序为造型 1→造型 2，对应的程序如图 4.5–6 所示。

图 4.5–6

5.2.2 加上控制按键和等待时间，完整的程序如图 4.5–7 所示。

SCRATCH 与机器人

图 4.5-7

思考一下，为什么在这里面要加入"等待1秒"的模块？

到此，程序编写完毕，大家可以通过执行脚本来测试和调整程序。除此之外，还可以通过造型切换的方式改变造型，完整程序如图4.5-8所示。

图 4.5-8

大家分析一下，两个程序有哪些相同和不同的地方？

5.3 保存项目

到此，程序已制作完成了，当我们按下空格键时，升降台是不是开始工作了？当确保程序没有问题了，我们单击文件菜单保存项目程序，如图4.5-9所示。

图 4.5-9

6. 实体搭建

利用手头上的零件来搭建一个升降台，搭建好的模型如图 4.5-10 所示。

图 4.5-10

7. 实体程序编写

7.1 程序编写

7.1.1 编写升降台上升的程序

第一步：在"电子模块"中找到 设置 马达 M1 ▼ 转速为 50▼ ，拖动两个到脚本区。

第二步：在"控制"中找到 等待 1秒 ，拖动两个到脚本区。

第三步：按图 4.5-11 设置好各模块参数。

图 4.5-11

7.1.2 设置升降台下降程序

方法同上，程序如图 4.5–12 所示。

设置 马达 M1 转速为 -30
等待 1 秒
设置 马达 M1 转速为 0
等待 3 秒

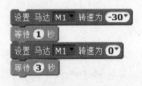

图 4.5–12

7.1.3 按流程图连接好程序。

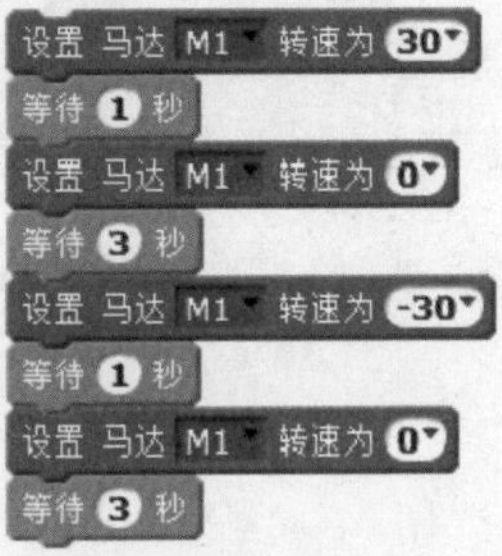
设置 马达 M1 转速为 30
等待 1 秒
设置 马达 M1 转速为 0
等待 3 秒
设置 马达 M1 转速为 -30
等待 1 秒
设置 马达 M1 转速为 0
等待 3 秒

图 4.5–13

7.1.4 加个控制按钮，让升降台听指令运行。

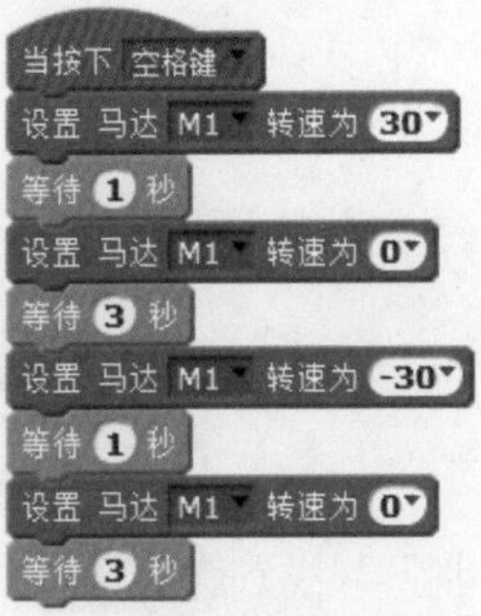
当按下 空格键
设置 马达 M1 转速为 30
等待 1 秒
设置 马达 M1 转速为 0
等待 3 秒
设置 马达 M1 转速为 -30
等待 1 秒
设置 马达 M1 转速为 0
等待 3 秒

图 4.5–14

这段程序的意思是说当我们按下空格键后，升降台才开始工作，否则不工作。

7.2 程序调试

连接好 E2-RCU（具体的连接方法请参考第二章），当我们按下空格键，就可以在实体中看到升降台的工作情况了。

马达转速决定了升降的快慢，所以一开始应当将速度调到较低的数值，根据实际的运行情况修改程序。

7.3 虚实结合

修改程序，让升降台和其对应的角色能同时升或降，如图 4.5–15 所示。

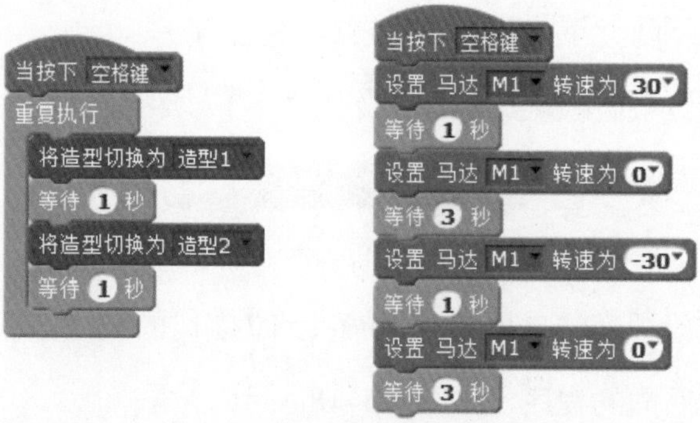

图 4.5–15

7.4 程序下载

还是老方法，用  E2-RCU 主程序 替换掉  当按下 空格键 即可，如图 4.5–16 所示。

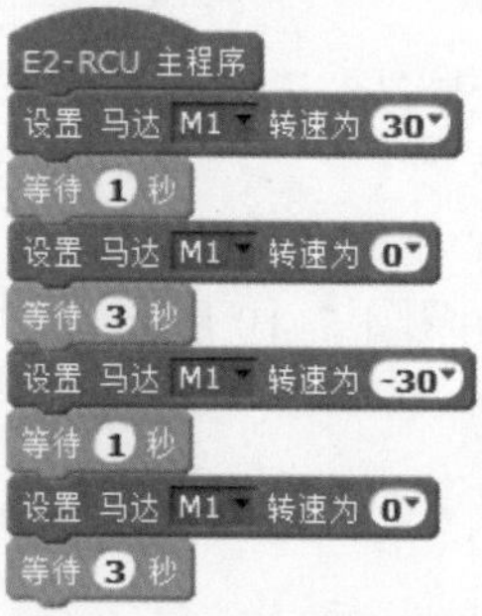

图 4.5–16

SCRATCH 与机器人

然后选中 单击右键，并根据弹出来的菜单选择相应的命令来编译和下载程序。

当程序下载到 E2-RCU 机器人中了，重新打开电源，运行程序，升降台是不是开始工作了？

升降台怎么不智能呀？一打开开关，就只会往上升和下降，都不管上面有没有东西。那我们怎样来做一个智能的升降台呢？

智能升降台的程序思路是这样的：当按下触碰按钮，升降台上升，上升到一定高度后，停止；再次按下触碰按钮，升降台下降，下降到一定位置，停止。

设置触碰模块的程序，如图 4.5–17 所示。

图 4.5–17

这段程序的意思是，等待连接 P7 端口的触碰按钮按下，再执行后面的程序，如图 4.5–18 所示。

图 4.5–18

这段程序的意思是，等待连接 P7 端口的触碰按钮按下、松开后再执行后面的程序。大家可以根据实际的需求选择两种不同的方式。

编写好的程序如图 4.5–19 所示。

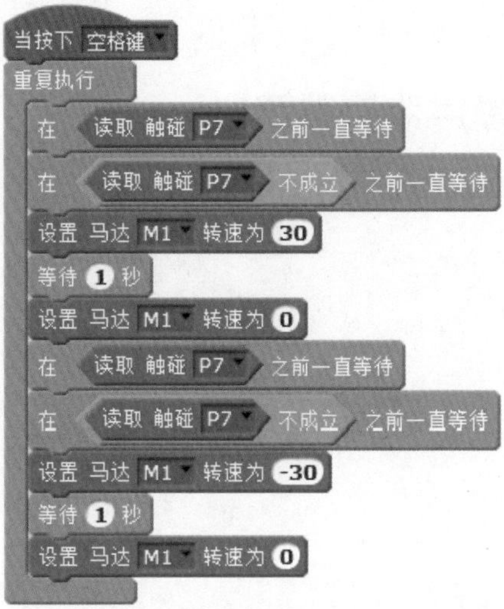

图 4.5-19

这段程序是不是可以实现我们想要的功能了？如果不是，我们还需要怎样去修改？

8. 扩展

你能修改程序，使用两个触碰按钮，一个触碰按钮控制上升，一个控制下降吗？

第 6 节　噪声监控装置

Scratch 软件的功能非常强大。除了前面介绍的虚实结合，还能更简单、更方便，不需要搭建舞台、创建角色，可以直接将上面编写好的程序下载到机器人中去，让机器人运行。不信？请跟我来吧。

1. 引言

唉，对门的邻居又开音响了，还让不让人休息啊，真烦人，都说过好几回了，怎么还老是这样呢！要是能够有一个噪声监控机器人，那该多好啊！这样就可以让他们放不了音响了。心动不如行动，请跟我来吧。

2. 任务介绍

大家都知道，人们都是靠耳朵去聆听周围的声音，当人的耳朵听到声音时，就会将有关声音的信息，如声音的强弱、方向、距离等，输入大脑，然后由大脑对声音做出判断。如果是优美的音乐，人则停住脚步去聆听它；如果是噪声，则远远地避开它。因此，在整个过程中，我们的耳朵扮演了非常重要的角色，它负责获取外界的信息，机器人判别噪声也是基于这样的原理。

在机器人中类似我们人类耳朵的部件是声音传感器，它又叫作"麦克风"，是一种能把声音的大小变化转换成电压或电流信息变化的电子部件。它的主要功能是测量外界声音的强弱，我们平时唱歌用麦克风就是声音传感器的一种应用。

当外界有声音，声音传感器就会把接收到的声音转换为电信号，并传输给机器人的大脑（RCU），RCU 根据这一信息进行思考和判断，然后控制机器人执行相应的动作。噪声监控器也是这样的原理，当机器人检测到的声音值大于设定的声音阀值时，就认为是噪声了，机器人就会报警和切断电源，否则，机器人会一直保持监控的状态。

监控外界的声音，我们可以用声音传感器来实现；机器人的"警报"声，可以用发音模块来实现，而切断电源则可以用发光模块来模拟完成：发光模块亮，表示有电流通过；发光模块灭，表示没有电流通过。

SCRATCH 与机器人

RCU 除了内置了一个音量测量模块，还有专门的 JMP-BE-2213 音量测量模块。音量测量模块是能够测量音量强弱的电子部件。音量测量模块主要用于测量外界音量的强弱。例如：根据音量的强弱，机器人自动启动或停止；通过识别有一定梯度的音量，机器人调节自己的转动方向；等等。实物图如图 4.6–1 所示。

图 4.6–1

3. 实体搭建

利用手头上的零件来搭建一个噪声监控机器人，搭建好的模型如图 4.6–2 所示。

图 4.6–2

4．程序编写

4.1 流程分析

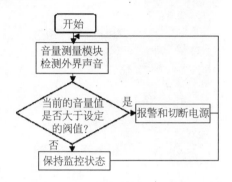

4.2 程序编写

第一步：在打开的 Scratch2 For JMD 中选择"文件 / 新建项目"。

第二步：在"电子模块"中找到 E2-RCU 主程序，拖动到脚本区。

第三步：在"控制"中找到 重复执行 和 读取 内置麦克风，拖动到脚本区。

第四步：在"数字和逻辑运算"中找到 ▢ > ▢，拖动到脚本区。

第五步：在"电子模块"中找到 读取 内置麦克风，拖动到脚本区。

第六步：在"电子模块"中找到 设置 彩灯 P1▾ 颜色 红色▾，拖动两个到脚本区。

第七步：在"电子模块"中找到 设置 蜂鸣器 关▾，拖动两个到脚本区。

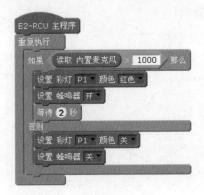162

SCRATCH 与机器人

第八步：在"控制"中找到 等待①秒，拖动到脚本区。

第九步：按图 4.6–3 设置好各模块参数。

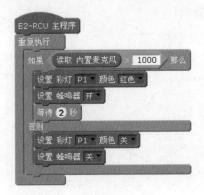

图 4.6–3

第十步：选择"文件／项目保存"，将项目保存在"zaoyinjiankong"项目中。

4.3 程序下载

第一步：选中脚本区的 E2-RCU 主程序 并按右键，在弹出的菜单中选择"编译"，如图 4.6–4 所示。

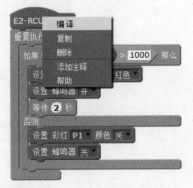

图 4.6–4

编译成功后，弹出图 4.6–5 所示的对话框。

图 4.6–5

然后点击"下载",弹出下载提示框,如图4.6–6所示。

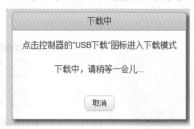

图 4.6–6

第二步:用标配的 USB 下载线将 E2-RCU 机器人与电脑 USB 接口相连,然后打开 E2-RCU 机器人,并选择"USB下载",如图4.6–7所示。

图 4.6–7

等待一会儿,弹出"下载完成"对话框,点击"确定"关掉对话框就可以了,如图4.6–8所示。这样程序就下载到 E2-RCU 机器人中了,可以离线运行了。

图 4.6–8

SCRATCH 与机器人

轻按"POWER"键，重启E2-RCU，在主菜单中点击"运行 JMAPP1"就可以了，如图 4.6–9 所示。

甲　　　　　　　　　乙

图 4.6–9

思考题

1. 试编写一个声控自动门程序。

2. 设计一个程序，让机器人跟着声音走。

第 7 节　火焰感应报警装置

1. 引言

　　我们都知道，当房间失火的时候，报警器会自动响起来报火警。大家可能会觉得奇怪吧，报警器是如何知道房间失火的呢？其实很简单，那就是它有检测火苗的"眼睛"，当它看到房间有火苗时，就会立即报警了。我们也可以使用机器人来感知房间红外光线的情况，进行报警。

2. 任务介绍

　　我们可以使用火焰传感器和发音模块实现报火警的功

能。火焰传感器检测房间内红外光线的强弱，发音模块根据光线的强弱进行报警处理。

现在我们用火焰传感器和发音模块来做一个报火警的机器人。火焰测量模块是能够测量可见光、红外光强弱的电子部件，实物图如图 4.7-1 所示。

图 4.7-1

3. 实体搭建

利用手头上的零件搭建一个火焰感应报警机器人，搭建好的模型如图 4.7-2 所示。

图 4.7-2

4．程序编写

4.1 流程分析

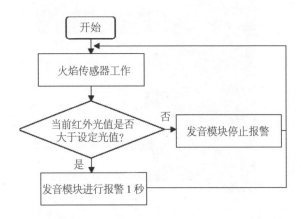

4.2 程序编写

第一步：在打开的 Scratch2 For JMD 中选择"文件 / 新建项目"。

第二步：在"电子模块"中找到 E2-RCU 主程序 ，拖动到脚本区。

第三步：在"控制"中找到 重复执行 、 重复执行 10 次 和 如果 那么 否则 ，拖动到脚本区。

第四步：在"控制"中找到 等待 1 秒 ，拖动两个到脚本区。

第五步：在"数字和逻辑运算"中找到 > ，拖动到脚本区。

第六步：在"电子模块"中找到 读取 火焰传感器 P1 ，拖动到脚本区。

第七步：在"电子模块"中找到 设置 蜂鸣器 关 ，拖动三个到脚本区。

第八步：按图 4.7–3 设置好各模块参数。

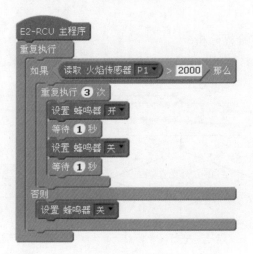

图 4.7–3

第九步：选择"文件 / 项目保存"，将项目保存在

"baohuojing"项目中。

4.3 程序下载

第一步：选中脚本区的 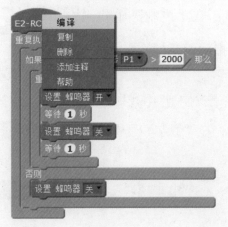 并按右键，在弹出的菜

单中选择"编译"，如图 4.7–4 所示。

图 4.7–4

编译成功后，弹出图 4.7-5 所示的对话框。

图 4.7-5

然后点击"下载"，弹出下载提示框，如图 4.7-6 所示。

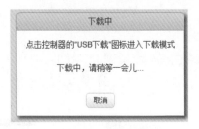

图 4.7-6

第二步：用标配的 USB 下载线将 E2-RCU 机器人与电脑 USB 接口相连，然后打开 E2-RCU 机器人，并选择"USB 下载"，如图 4.7-7 所示。

图 4.7-7

等待一会儿，弹出"下载完成"对话框，点击"确定"关掉对话框就可以了。这样程序就下载到 E2-RCU 机器人中，可以离线运行了，如图 4.7-8 所示。

SCRATCH 与机器人

图 4.7-8

轻按"POWER"键，重启 E2-RCU，在主菜单中点击"运行 JMAPP1"就可以了，如图 4.7-9 所示。

甲   乙

图 4.7-9

想一想：在我们的生活中，火警警报器的基本工作原理是什么呢？可以上网查找相关的资料，并将现有的火警警报器的优、缺点用表格列出来。

思考题

1. 报火警的机器人对火苗的灵敏度太差了，怎样修改呢？

2. 通过本例，你能做一个趋光器（使它能够像向日葵一样向着光线亮的地方转动）吗？

3. 报火警的机器人的工作原理是什么呢？

第 8 节　小闹钟

1. 引言

我们大家都知道，天快亮的时候，公鸡会打鸣，为人们报晓。那么你有没有想过自己做一个机器人，让它来帮助那些爱睡懒觉的"小懒虫"们按时起床呢？

2. 任务介绍

归纳起来，这个会叫我们起床的机器人必须符合两个条件：第一个条件是可以按需要设定起床时间；第二个条件是当到了设定时间，机器人应该发出某种"闹铃"声来

172

SCRATCH 与机器人

叫醒我们。另外，为了加强效果，我们还可以给机器人加上闪烁的灯光哦。

叫我们起床的时间，我们可以用光敏测量模块来实现；机器人的"闹铃"声，可以用 E2-RCU 内置的发音模块来实现，而灯光效果则可以用发光模块来完成。

JMP-BE-1412 光敏测量模块，是能够测量可见光强弱的电子部件，主要用于测量环境光的强弱。例如：根据光线的强弱，机器人自动开关窗帘；通过识别有一定梯度的环境光，机器人慢慢从暗处走到亮处；等等。实物图如图 4.8–1 所示。

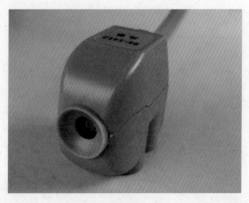

图 4.8–1

3. 实体搭建

利用手头上的零件来搭建一个小闹钟机器人，搭建好的模型如图 4.8–2 所示。

图 4.8-2

4．程序编写

4.1 流程分析

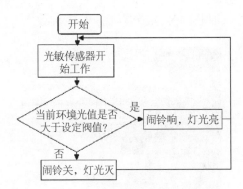

4.2 程序编写

第一步：在打开的 Scratch2 For JMD 中选择"文件 /
新建项目"。

第二步：在"电子模块"中找到 E2-RCU 主程序 ，拖动到脚本区。

第三步：在"控制"中找到 重复执行 、 重复执行 10 次 和 如果 那么 否则 ，拖动到脚本区。

第四步：在"数字和逻辑运算"中找到 > ，拖动到脚本区。

第五步：在"电子模块"中找到 读取 光敏传感器 P1 ，拖动到脚本区。

第六步：在"控制"中找到 等待 1 秒 ，拖动两个到脚本区。

第七步：在"电子模块"中找到 设置 彩灯 P1 颜色 红色 ，拖动三个到脚本区。

第八步：在"电子模块"中找到 设置 蜂鸣器 关 ，拖动三个到脚本区。

第九步：按图 4.8–3 设置好各模块参数。

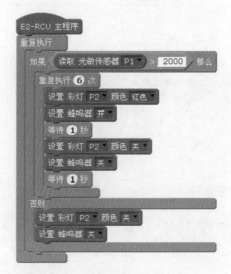

图 4.8–3

第十步：选择"文件/项目保存"，将项目保存在
"naozhong"项目中。

4.3 程序下载

第一步：选中脚本区的 E2-RCU 主程序 并按右键，在弹出的
菜单中选择"编译"，如图 4.8–4 所示。

图 4.8–4

编译成功后，弹出如图 4.8–5 所示的对话框。

图 4.8–5

然后点击"下载"，弹出下载提示框，如图 4.8–6 所示。

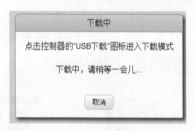

图 4.8–6

第二步：用标配的 USB 下载线将 E2-RCU 机器人与电
脑 USB 接口相连，然后打开 E2-RCU 机器人，并选择"USB
下载"，如图 4.8–7 所示。

图 4.8–7

等待一会儿，弹出"下载完成"对话框，点击"确定"关掉对话框就可以了。这样程序就下载到 E2-RCU 机器人中了，可以离线运行了，如图 4.8–8 所示。

图 4.8–8

轻按"POWER"键，重启E2-RCU，在主菜单中点击"运行 JMAPP1"就可以了，如图 4.8–9 所示。

甲

乙

图 4.8–9

思考题

1.调整环境光的阀值，机器人会在几点叫我们起床呢？

2.想一想，不同频率的发音模块所发出的声音效果有何不同？差别有多大？

第 9 节　超声视力保护器

1. 引言

　　我们大家都知道在用电脑时，很多时候都是不自觉地离显示器很近，这样不但对眼睛不好，还容易导致视觉疲劳。在这一节，我们来设计一个超声视力保护机器人。

2. 任务介绍

　　当我们坐在电脑前面时，通过超声测距模块来探测我们与电脑显示屏之间的距离，当距离很近时，机器人会提醒我们坐远点。

超声测距模块是一个用于距离测量的模块。它的工作原理是发射出超声波，并且计算被物体反射的回波的时间差，从而计算出它和物体间的距离。实物图如图 4.9-1 所示。

图 4.9-1

3. 实体搭建

利用手头上的零件搭建一个超声视力保护机器人，搭建好的模型如图 4.9-2 所示。

图 4.9-2

4. 程序编写

4.1 流程分析

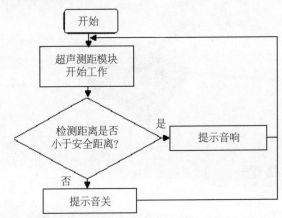

4.2 程序编写

第一步：在打开的 Scratch2 For JMD 中选择"文件 / 新建项目"。

第二步：在"电子模块"中找到 E2-RCU 主程序 ，拖动到脚本区。

第三步：在"控制"中找到 重复执行 、 重复执行 10 次 和 如果 那么 否则 ，拖动到脚本区。

第四步：在"数字和逻辑运算"中找到 < ，拖动到脚本区。

第五步：在"电子模块"中找到 读取 超声波传感器 P1▼ 模式 数字 ，拖动到脚本区。

第六步：在"控制"中找到 等待 1 秒，拖动两个到脚本区。

第七步：在"电子模块"中找到 设置 蜂鸣器 关▼，拖动三个到脚本区。

第八步：按图 4.9-3 设置好各模块参数。

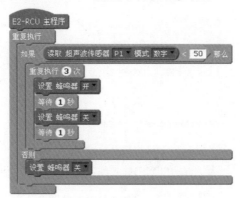

图 4.9-3

第九步：选择"文件/项目保存"，将项目保存在
"shilibaohu"项目中。

4.3 程序下载

第一步：选中脚本区的 E2-RCU 主程序 并按右键，在弹出的
菜单中选择"编译"，如图 4.9-4 所示。

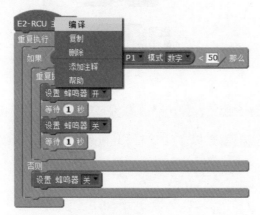

图 4.9-4

编译成功后，弹出如图 4.9-5 所示的对话框。

图 4.9-5

SCRATCH 与机器人

然后点击"下载",弹出下载提示框,如图4.9-6所示。

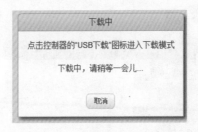

图 4.9-6

第二步:用标配的 USB 下载线将 E2-RCU 机器人与电脑 USB 接口相连,然后打开 E2-RCU 机器人,并选择"USB下载",如图4.9-7所示。

图 4.9-7

等待一会儿,弹出"下载完成"对话框,点击"确定"关掉对话框就可以了。这样程序就下载到 E2-RCU 机器人中了,可以离线运行了,如图4.9-8所示。

图 4.9-8

　　轻按"POWER"键，重启E2-RCU，在主菜单中点击"运行 JMAPP1"就可以了。

甲　　　　　　　　乙

图 4.9–9

思考题

1. 调整安全距离的值，机器人是不是能及时提醒我们呢？

第五章

综合运用

　　我们学习了 Scratch 软件及硬件的使用，那么我们来做一些在我们生活中常见的实例吧，做到学以致用、源于生活、贴近生活、服务生活、改变生活。

图 5-1

第 1 节　直升机

1. 引言

　　请你分别在图 5.1–1 中图片下的括号中填上相应的直升机的名字。

　　现在我们利用手头上有的器材也制作一个直升机。

2. 任务介绍

　　直升机是一种由一个或多个水平旋转的旋翼提供向上的升力和推进力，从而进行飞行的航空器。相比其他飞行器，直升机具有垂直升降、悬停、小速度向前或向后飞行

SCRATCH 与机器人

甲（　　　）　　　　乙（　　　）

丙（　　　）　　　　丁（　　　）

图 5.1–1

的特点，这些特点使得直升机在很多场合大显身手，但其
也有一些弱点，比如速度低、耗油量较大、航程较短。

图 5.1–2

3. 舞台搭建

单击列表舞台的缩略图打开舞台背景库，选取相应的
舞台背景图，如图 5.1–3 所示。

图 5.1-3

4．创建角色

本项目需要三个角色：直升机的机身、尾翼和螺旋桨。用学到的知识，创建好直升机角色，如图 5.1-4 所示。

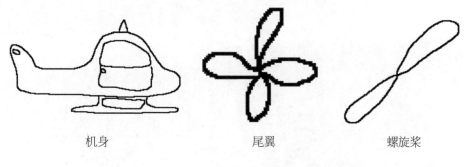

机身　　　　　　　　　　尾翼　　　　　　　　　螺旋桨

图 5.1-4

创建好的角色及舞台背景的配合效果如图5.1-5所示。

图 5.1-5

5. 编写角色程序

5.1 设置三个角色的中心点

5.1.1 设置机身的中心点

设置流程如图 5.1-6 所示。

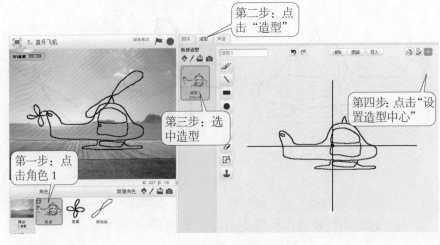

图 5.1-6

设置好的中心点如图 5.1-7 所示。

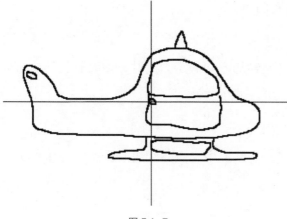

图 5.1–7

5.1.2 设置尾翼的中心点

重复上述步骤，设置好的中心点如图 5.1–8 所示。

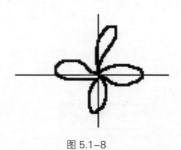

图 5.1–8

5.1.3 设置螺旋桨的中心点

重复上述步骤，设置好的中心点如图 5.1–9 所示。

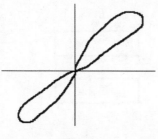

图 5.1–9

5.2 流程图

为了更生动、更直观地突出直升机的形象，我们把螺旋桨顺时针旋转的方向假定为上升，逆时针旋转的方向假定为下降，机身不动。

5.2.1 机身

设定机身为基准中心点，则机身的中心点坐标为坐标原点。

5.2.2 螺旋桨

当按下"空格键"，螺旋桨旋转。

5.2.3 尾翼

尾翼跟螺旋桨的原理是一样的，当按下"空格键"，尾翼旋转。

5.3 编写角色程序

我们先来编写直升机上升的程序。

第一步：编写螺旋桨角色的旋转速度程序，如图 5.1–10 所示。

图 5.1–10

第二步：编写位置联系的关系程序。以飞机为基准中心点，将机身中心点移到坐标原点，如图 5.1–11 所示。

图 5.1–11

第三步：移动螺旋桨到达指定目标位置，获取相对坐标参数，如图 5.1–12 所示。

甲　　　　　　　　　　乙

图 5.1–12

第四步：构建关联关系。螺旋桨中心与机身中心的坐标参考坐标位置，如图 5.1–13 所示。

甲　　　　　　　　　　　　乙

图 5.1–13

第五步：将螺旋桨的坐标与直升机的坐标做关联，如

图 5.1-14 所示。

图 5.1-14

第六步：三个角色位置联系的关联（扩展提升要求），如图 5.1-15 所示。

图 5.1-15

5.4 保存项目

到此，角色程序编写完毕。当我们按下"空格键"后，螺旋桨和尾翼是不是在旋转呢？当确定程序没有问题后，我们单击文件菜单"保存项目"程序进行保存，如图 5.1-16 所示。

图 5.1-16

想一想：直升机下降的程序该如何来编写呢？

6．实体搭建

利用手头上的零件来搭建一个直升机，设计要求：1. 马达驱动螺旋桨；2. 尾翼随螺旋桨的转动而转动。

搭建好的模型如图 5.1–17 所示。

甲　　　　　　　　　　　　　　　　　乙

图 5.1–17

7．实体程序编写

7.1 程序编写

（1）添加马达模块图标，设置马达速度为 20，运行程序，如图 5.1–18 所示。

图 5.1–18

添加一个变量，变量名为"M1速度"，如图5.1–19所示。

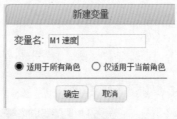

图 5.1–19

（2）用"M1速度"填写到马达转速的位置，如图5.1–20所示。

图 5.1–20

（3）编写好的程序如图 5.1–21 所示。

图 5.1–21

7.2 程序调试

连接好 E2-RCU（具体的连接方法请参考第二章），当我们按下"空格键"时，马达是不是在旋转？如果不是，请返回程序中修改。

7.3 虚实结合

（1）在直升机机身下做代码编程，修改变量"M1速度"的值。再次运行程序看看直升机是否运动，如图5.1–22所示。

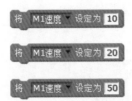

图 5.1–22　观察不同的数值对应马达速度的变化

（2）通过键盘的上、下按键控制"M1 速度"的数值变化，如图 5.1–23 所示。

图 5.1–23

8. 扩展

（1）找出螺旋桨与尾翼的速度差异关系。

（2）速度达到一定数值，直升机起飞。

（3）通过速度的大小，控制直升机的起飞和降落。

第 2 节　手摇风车

1. 引言

在前面的章节中我们学习了如何制作风扇，那么这节我们就来学习制作手摇风车：用手摇动搭建好的实体风车模型，在软件中仿制好的风车就会跟着转动。

是不是很好玩呢？跟我来吧！

2. 任务介绍

风车是一种不需燃料、以风作为能源的动力机械。古代的风车是从船帆发展起来的，它具有 6～8 副像帆船那样的篷，分布在一根垂直轴的四周，风吹时像走马灯似的绕轴转动，叫走马灯式的风车。我们在 Scratch 软件中所画的风车就是这种走马灯式的风车，如图 5.2–1 所示。

图 5.2–1

3. 舞台搭建

我们在这节中只需要一个简单的空白舞台背景即可，如图 5.2–2 所示。

图 5.2–2

如果想要一个更好看的舞台背景图，大家可以动手画一个哦，看谁画得最漂亮。

4. 创建角色

本项目需要两个角色：风叶和手把。用学到的知识，创建好风扇角色，如图 5.2–3 所示。

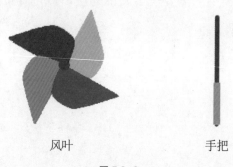

风叶   手把

图 5.2–3

创建好的角色及舞台背景的配合效果如图 5.2–4 所示。

图 5.2–4

5. 编写角色程序

5.1 设定坐标点

我们用所学过的知识设置风车旋转的中心点，其目的是让风车绕着风车的中心旋转，如图 5.2–5 所示。

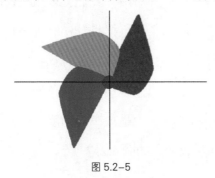

图 5.2–5

5.2 流程

当我们按下"空格键"后，移动鼠标，风车跟随着鼠标的转动而转动，其流程如下所示。

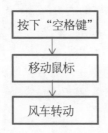

5.3 编写程序

在"动作"模块中，我们用到的是 面向 这个图标。通过这个图标，将"面向"设置为 面向 鼠标指针 ，这时候只要双击图标，风车就会旋转，面向鼠标指针动一下。我们需要设置将"空格键"按下重复执行面向鼠标指针的动作。程序如图 5.2–6 所示。

图 5.2–6

按下空格键执行程序后，我们发现风车这时候就已经跟随着鼠标指针旋转了。鼠标指针逆时针绕风车旋转时，风车是逆时针旋转的；鼠标指针顺时针绕风车旋转时，风车是顺时针旋转的。通过观察风车角色的角度可以得到，面向鼠标指针其实改变的是风车的角度。鼠标指针移动对应的方向也随之改变，如图 5.2–7 所示。

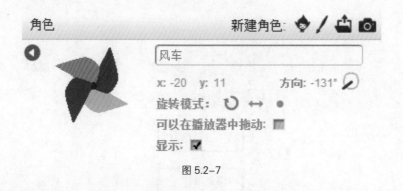

图 5.2–7

5.4 保存项目

到此，程序已制作完成了，当我们按下空格键时，风车是否跟随着鼠标指针的移动而旋转呢？当确保程序没有问题了，我们单击文件菜单"保存项目"程序进行保存，如图 5.2–8 所示。

图 5.2-8

6. 实体搭建

利用马达搭建一个手摇装置，实现马达旋转带动风扇的旋转，搭建好的模型如图 5.2-9 所示。

图 5.2-9

7. 实体程序编写

7.1 程序编写

（1）机器人的马达是带有编码器的，通过马达旋转能够将旋转的数据反馈到电脑，通过"电子模块"中的"读取马达编码器（ML）"获取马达的编码器数据，模块图标如图 5.2-10 所示。

图 5.2-10

（2）在"外观模块"中"说"模块将数据显示到舞台上，模块图标如图 5.2-11 所示。

说 Hello!

图 5.2-11

编写好的程序如图 5.2-12 所示。

甲　　　　　　　乙

图 5.2-12

（3）有了编码器的数据，我们就可以将编码器的数据与风车关联，编写好的程序如图 5.2-13 所示。

图 5.2-13

7.2 程序调试

连接好 E2-RCU（具体的连接方法请参考第二章），按下空格键，风车是否跟随着鼠标指针的移动而转动？如果不是，请返回程序中修改。

8. 拓展

原来手摇马达能够实现风车的转动，但是马达旋转一圈，风车的转动明显不止一圈，那么如何才能实现马达转动与风车转动同步呢？

马达旋转一圈是 840° ，风车旋转一圈是 360° ，通过一个数据转换，能够将马达的旋转转换成风车的旋转，即马达旋转 90° ，风车也旋转 90° ，这样一来，就需要找到马达与风车之间的转换系数。

$x : 840° = 1 : 360°$ ，求 x 的值。

$x = 360° / 840° = 0.43$（即转换系数为 0.43）。

将编码器通过转换系数转化成为实际角度，如图 5.2–14 所示。

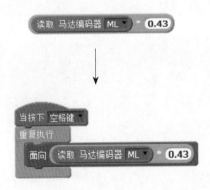

图 5.2–14

观察马达旋转的角度与扇叶旋转的角度是否一致，系数在其中的作用是将编码器的数据转化成风扇的旋转数据，我们也不用具体去计算这个比例系数是多少，将这个工作交给计算机去完成就可以了。

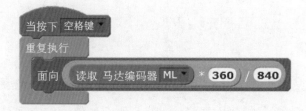

图 5.2–15

第3节 电报机

1. 引言

"同学们，你们看过谍战电影或电视剧吗？"

"我看过。""我也看过。"……大家争先恐后地回答道。

"那你们知道特工人员是如何将自己手中的情报传送出去的吗？"

"我知道，他们通过特别的记号传送。""他们通过密信传送。""他们通过电话传送。"……

"嗯，同学们说得都对，他们获取到重要情报后，都会通过一种安全的传送方式将情报传送出去。在电视剧或谍战电影中，我们看到最多的是一种发出'嘀、嘀嘀、嘀嘀'声音的机器，情报就是通过它来传送的。那么大家想不想来做一个呢？"

"想！"

"好，利用手中的零件，我们来做一个电报机吧！"

2.任务介绍

电报机，就是用以发送和接收电报的设备，1835年美国画家莫尔斯经过三年的钻研之后，第一台电报机问世。莫尔斯成功地用电流的"通""断"和"长断"来代替人类的文字进行传送，这就是鼎鼎大名的莫尔斯电码。电报的发明，拉开了电信时代的序幕，开创了人类利用电来传递信息的历史。

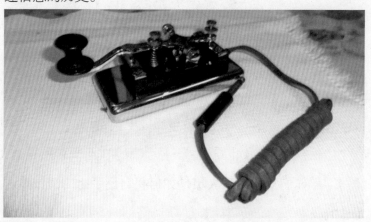

图 5.3-1

在这节中，我们用到了一个触碰模块，它是利用接触轮实现检测触碰与否功能的电子部件。通过按下的时间长短不一，从而可以实现情报的发送，实物如图 5.3-2 所示。

图 5.3–2

3．舞台搭建

单击列表舞台的缩略图打开舞台背景库，选取相应的舞台背景图，如图 5.3–3 所示。

图 5.3–3

4．创建角色

本项目需要两个角色：电报机底座和手压柄。

4.1 创建底座角色

用学到的知识，创建好电报机角色，如图 5.3–4 所示。

SCRATCH 与机器人

图 5.3-4

4.2 创建手压柄角色

本角色要实现发送情报的动作，需要两个造型：向上和向下，如图 5.3-5 所示。

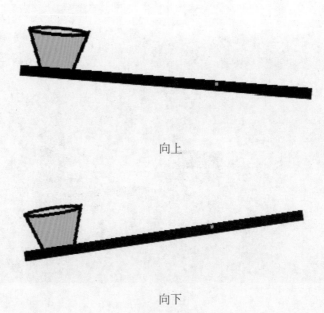

向上

向下

图 5.3-5

4.3 舞美效果

创建好的角色及舞台背景的配合效果如图 5.3-6 所示。

图 5.3-6

5. 编写角色程序

5.1 流程分析

当发报员不停地摁下、松开发报机电键，通过摁下和松开电键的时间长短来形成不同的信号，传递消息。在这里，角色1造型的切换类似发报机电键的摁下、松开。因此可以得到以下流程。

5.2 编写角色程序

按下空格键，进行角色1的造型切换，否则保持原来造型不变，编写好的程序如图5.3-7所示。

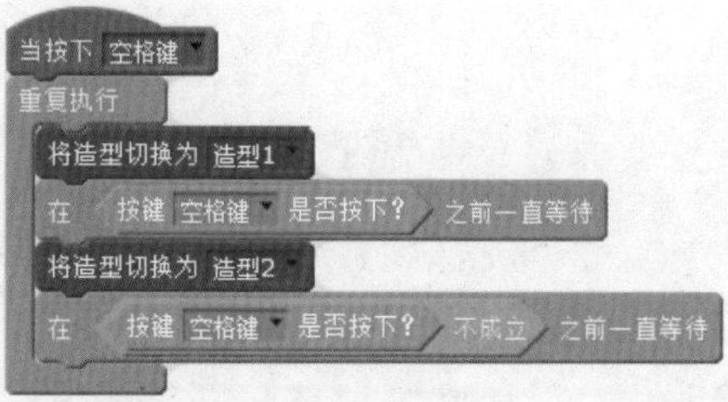

当按下 空格键
重复执行
将造型切换为 造型1
在 按键 空格键 是否按下? 之前一直等待
将造型切换为 造型2
在 按键 空格键 是否按下? 不成立 之前一直等待

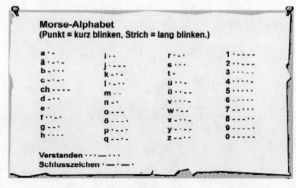

图 5.3–7

电报机是通过发送莫尔斯电码来传递消息的，莫尔斯电码是一种早期的数字化通信形式，但是它不同于现代只使用零和一两种状态的二进制代码，它的代码包括六种：点、画、点和画之间的停顿、每个字符间短的停顿（在点和画之间）、每个词之间中等的停顿以及句子之间长的停顿。一般来说,我们可以根据按下按键时间的长短来判断代码，如图 5.3-8 所示。

Morse-Alphabet
(Punkt = kurz blinken, Strich = lang blinken.)
Verstanden
Schlusszeichen

图 5.3–8

为了判断按下按键时间的长短，需要添加两个时间变量,分别记录按键按下瞬间的时间和松开按键瞬间的时间，同时还要增加两个链表：一个译码，一个结果。两个时间变量相减，就得出按下按键的时间，译码链表则负责存贮这个时间，由此时间判断发送的是点还是画，得出的结果再汇入到结果链表，如图 5.3–9 所示。

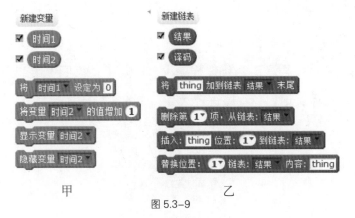

甲 乙

图 5.3-9

时间变量记录的时间是 0.001 级的，因此时间变量差的结果要乘 1000 才能得到时间的秒数。

为了增加其真实性，程序需增加蜂鸣器的响声，具体程序如图 5.3-10 所示。

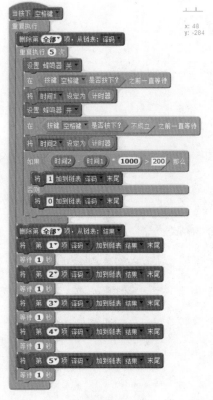

图 5.3-10

5.3 保存项目

到此，角色程序编写完毕，大家可以通过执行脚本来测试和调整程序。当确保程序没有问题了，我们单击文件菜单"保存项目"程序进行保存，如图 5.3-11 所示。

图 5.3-11

6. 实体搭建

利用手头上的零件来搭建一个电报机，搭建好的模型如图 5.3-12 所示。

图 5.3-12

7. 实体程序编写

7.1 程序编写

由于增加了触碰传感器，在这里由点击触碰来代替上面程序里的按下"空格键"，相应程序如图 5.3–13 所示。

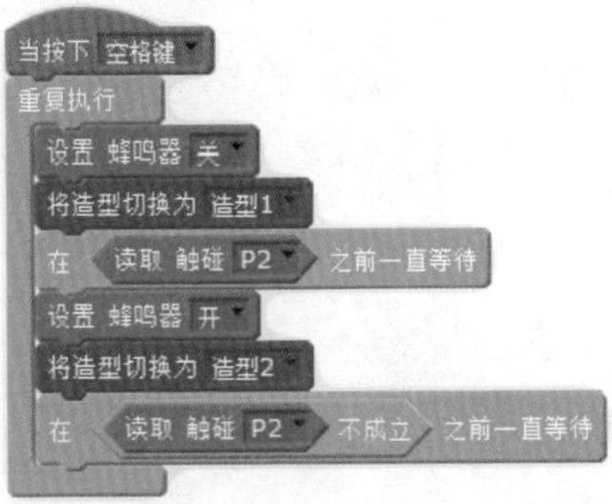

图 5.3–13

电报机完整的程序如图 5.3–14 所示。

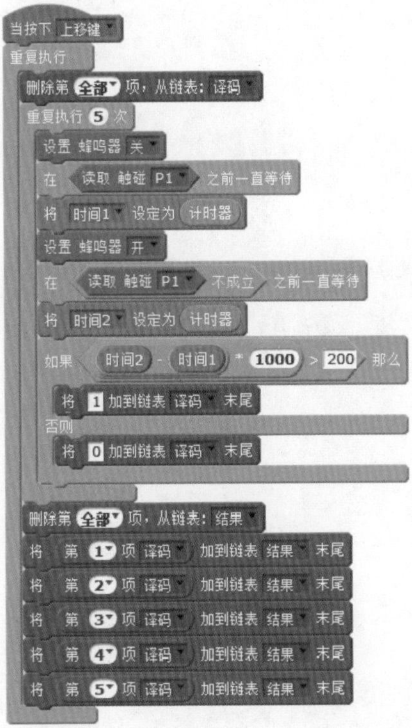

图 5.3–14

7.2 程序调试

连接好 E2-RCU，按下空格键，然后点按触碰模块，观察是否能实现发送电报，如果不行，该如何来调整呢？

做一做：以下的信号你可以用莫尔斯电码发送吗？你的朋友是否知道你发送的是什么内容？

（911 110 119 120 122）

第4节　控烟机器人

1. 引言

　　烟草危害是严重的公共卫生问题之一，世界卫生组织已将烟草流行问题列入全球公共卫生重点控制领域。据世界卫生组织统计，全世界每年约有 300 万人因抽烟而死，吸烟对人体健康有害。在吸烟的房间里，尤其是冬天门窗紧闭的环境里，不仅充满了人体呼出的二氧化碳，还有吸烟者呼出的一氧化碳，这样的环境会使人感到头痛、倦怠，工作效率下降，更为严重的是在吸烟者吐出来的冷烟雾中，烟焦油和烟碱的含量比吸烟者吸入的热烟含量多 1 倍，苯

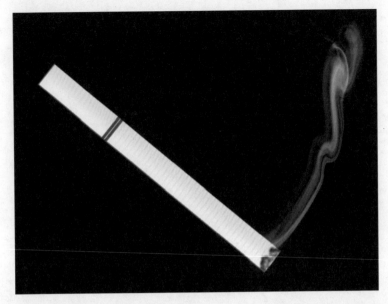

图 5.4-1

并芘多 2 倍，一氧化碳多 4 倍，氨多 50 倍。所以，控烟行动刻不容缓。这节我们就来设计一个控烟机器人，让它随时提醒我们"吸烟有害健康"。

2. 任务介绍

当空气中有一定烟雾或是空气中的烟味达到一定浓度时，控烟机器人就会发出报警声提醒我们。

JMP-BE-1151 空气质量传感器属于金属氧化物半导体型传感器，具有非常广泛的应用场合。它能实时检测室内空气环境质量。空气质量（异味）传感器具有灵敏度高、成本低、寿命长、功耗低等优点，是一款被广泛应用的气体传感器，对许多微量的还原气体（或微毒性气体分子）非常灵敏，这些气体分子类型包括氨气、氢气、酒精、一氧化碳、甲烷、丙烷、甘烷、苯乙烯、丙二醇、酚、甲苯、乙苯、二甲苯、甲醛等有机挥发气体和香烟、木材、纸张燃烧烟雾、油烟等。实物图如图 5.4-2 所示：

图 5.4-2

3. 舞台搭建

单击列表舞台的缩略图打开舞台背景库，选取相应的舞台背景图，如图 5.4-3 所示。

图 5.4-3

4. 创建角色

本项目需要三个角色：小猫、香烟和人物。

SCRATCH 与机器人

图 5.4-4

图 5.4-5

图 5.4-6

4.1 创建小猫角色

直接用软件自带的小猫角色，如图 5.4-4 所示。

4.2 创建香烟角色

用学到的知识创建好香烟角色，如图 5.4-5 所示。

4.3 创建人物角色

用学到的知识创建好人物角色，如图 5.4-6 所示。

4.4 舞美效果

创建好的角色及舞台背景的配合效果如图 5.4-7 所示。

图 5.4-7

5. 编写角色程序

5.1 流程分析

小猫在办公室不断地来回巡查，当看到有人吸烟时，就会立即发出报警声音，其流程如下所示。

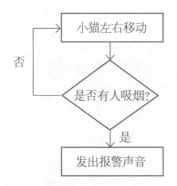

5.2 编写角色程序

（1）小猫左右移动巡查。

用学到的知识根据流程图的分析来编写程序，编写好的程序如图 5.4–8 所示。

图 5.4–8

（2）监控有没有人吸烟，如图 5.4–9 所示。

图 5.4–9

5.3 保存项目

到此，角色程序编写完毕，大家可以通过执行脚本来测试和调整程序。当确保程序没有问题了，我们单击文件菜单"保存项目"程序进行保存，如图 5.4-10 所示。

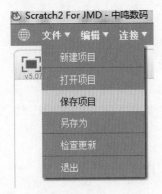

图 5.4-10

6. 实体搭建

利用手头上的零件来搭建一个控烟机器人，搭建好的模型如图 5.4-11 所示。

图 5.4-11

7．实体程序编写

7.1 流程分析

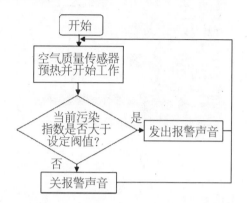

7.2. 程序编写

（1）在打开的 Scratch2 For JMD 中选择"文件/新建项目"。

（2）在"电子模块"中找到 E2-RCU 主程序 ，拖动到脚本区。

（3）在"控制"中找到 重复执行 、 重复执行 **10** 次 和 如果 那么 否则 ，拖动到脚本区。

（4）在"数字和逻辑运算"中找到 > ，拖动到脚本区。

（5）在"电子模块"中找到 读取 空气质量传感器 P1 ，拖动到脚本区。

（6）在"控制"中找到 等待 **1** 秒 ，拖动三个到脚本区。

（7）在"电子模块"中找到 设置 蜂鸣器 关 ，拖动三个到脚本区。

（8）按图 5.4–12 设置好各模块参数。

SCRATCH 与机器人

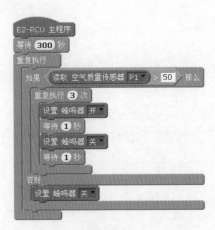

图 5.4–12

7.3 程序下载

（1）选中脚本区的 E2-RCU 主程序 并按右键，在弹出的菜单中选择"编译"，如图 5.4–13 所示。

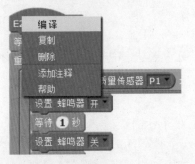

图 5.4–13

编译成功后，弹出如图 5.4–14 所示的对话框。

图 5.4–14

然后点击"下载"，弹出下载提示框，如图 5.4–15 所示。

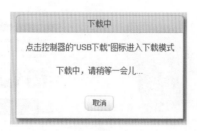

图 5.4-15

（2）将 E2-RCU 跟计算机连接，选择"USB 下载"，如图 5.4-16 所示。

图 5.4-16

等待一会儿，弹出"下载完成"对话框，点击"确定"关掉对话框就可以了，如图 5.4-17 所示。

图 5.4-17

（3）轻按"POWER"键，重启 E2-RCU，在主菜单中点击"运行 JMAPP1"就可以了，如图 5.4-18 所示。

甲   乙

图 5.4–18

看，机器人开始工作了！一发现有人在抽烟，它就立即报警。

思考题

1. 调整污染指数的阀值，你能设计一个油烟监控机器人吗？

2. 想一想，是不是也可以设计一个口气检测仪呢？

第 5 节　农业大棚温湿度监控器

1. 引言

随着大棚技术的普及，温室大棚数量不断增多。对于蔬菜大棚来说，最重要的一个管理因素是温湿度控制。温湿度太低，蔬菜就会被冻死或者停止生长，所以要将温湿度始终控制在适合蔬菜生长的范围内。传统的温度控制是在温室大棚内部悬挂温度计，工人依据读取的温度值来调节大棚内的温度。

如果仅靠人工控制，既耗人力，又容易出现差错。温室大棚的温度控制成为一个难题。现在，随着农业产业规

SCRATCH 与机器人

图 5.5-1

模的提高，传统的温度控制措施就显现出很大的局限性。这一节我们来设计一个农业大棚温湿度监控机器人，以控制蔬菜大棚温湿度，适应生产需要。

2. 任务介绍

当环境温湿度超出预定的阀值时，温湿度监控机器人就会报警并通知温湿度调节系统根据不同条件进行加热、制冷、抽湿或加湿。在本节中我们用不同颜色的彩灯来表示温湿度调节系统根据不同条件进行加热(红色)、制冷(白色)、抽湿（青色）或加湿（紫色）的工作状态，温湿度正常用绿色表示。

JMP-BE-1940温湿度传感器是一款含有已校准数字信号输出的温湿度复合传感器。它应用专用的数字模块采集技术和温湿度传感技术，确保产品具有更高的可靠性与长期稳定性。实物如图 5.5–2 所示。

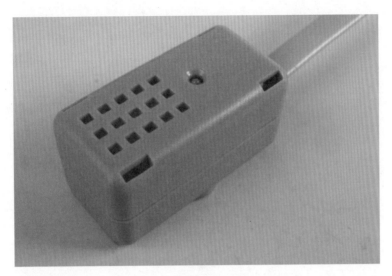

图 5.5-2

3. 实体搭建

利用手头上的零件来搭建一个农业大棚温湿度监控机器人，搭建好的模型如图 5.5–3 所示。

图 5.5-3

4．程序编写

4.1 流程分析

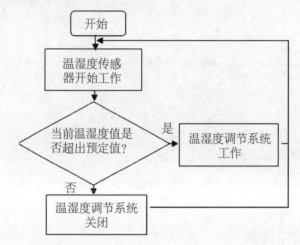

4.2 程序编写

（1）在打开的 Scratch2 For JMD 中选择"文件 / 新建项目"。

（2）在"电子模块"中找到 E2-RCU 主程序，拖动到脚本区。

（3）在"控制"中找到 重复执行，拖动到脚本区。

（4）在"控制"中找到 如果 那么，拖动四个到脚本区。

（5）在"数字和逻辑运算"中找到 > ，拖动两个到脚本区。

（6）在"数字和逻辑运算"中找到 < ，拖动两个到脚本区。

（7）在"电子模块"中找到 读取 温湿度传感器 P1 模式 温度 ，拖动四个到脚本区。

（8）在"控制"中找到 等待 1 秒，拖动四个到脚本区。

（9）在"电子模块"中找到 设置 彩灯 P1▾ 颜色 红色▾ ，拖动五个到脚本区。

（10）按图 5.5–4 设置好各模块参数。

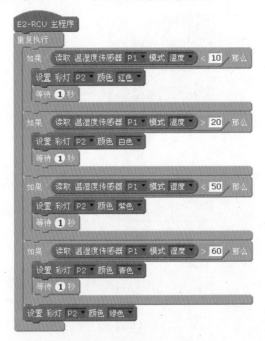

图 5.5–4

（11）保存项目，如图 5.5–5 所示。

图 5.5–5

232

SCRATCH 与机器人

4.3 程序下载

（1）选中脚本区的  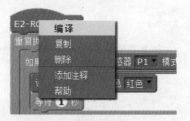 并按右键，在弹出的菜单中选择"编译"，如图 5.5–6 所示。

图 5.5–6

编译成功后，弹出如图 5.5–7 所示的对话框。

图 5.5–7

然后点击"下载"，弹出下载提示框，如图 5.5–8 所示。

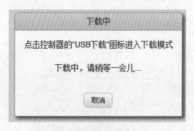

图 5.5–8

（2）将 E2-RCU 跟计算机连接，点击"USB 下载"，如图 5.5–9 所示。

图 5.5–9

等待一会儿，弹出"下载完成"对话框，点击"确定"关掉对话框就可以了，如图 5.5–10 所示。

图 5.5–10

（3）轻按"POWER"键，重启 E2-RCU，在主菜单中点击"运行 JMAPP1"就可以了，如图 5.5–11 所示。

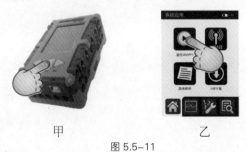

甲　　　　　　　　　乙

图 5.5–11

思考题

调整不同的环境温湿阀值，机器人如何发出声音来提醒我们呢？

第 6 节　向导机器人

1. 引言

驴友是指具有共同兴趣、结伴同行的户外爱好者。驴友们互相分享活动的足迹（地图）、游记、照片等。驴友们经常组织户外活动、结伴深度自助游。在这一节我们用指南针来设计一个辨别方向的机器人，为驴友们提供一个向导。

2. 任务介绍

图 5.6–1

向导机器人实时提供当前的方位数据，为驴友提供方向指南。

JMP-BE-2615 指南针模块是专为智能机器人设计的方向角度测量传感器。大家知道,地球就像是一个巨大的磁铁,有它自己的南、北极。我们的指南针模块就是通过测量环境的磁场,从而运算得出模块所指的方向角度。

指南针模块的返回值范围是 0°～360°。除了可以进行每秒数千次的角度测量,它还能让客户自己定义方向,纠正磁场环境偏差等。新增加的多方向指示灯,也让我们更容易分辨它的工作状态和测量角度,进一步提高了指南针模块的易用性。实物图如图 5.6–2 所示。

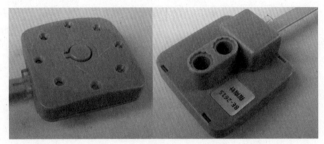

图 5.6–2

3. 实体搭建

利用手头上的零件来搭建一个向导机器人,搭建好的模型如图 5.6–3 所示。

图 5.6–3

4．程序编写

4.1 流程分析

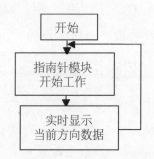

4.2 程序编写

（1）在打开的 Scratch2 For JMD 中选择"文件 / 新建项目"。

（2）在"电子模块"中找到 E2-RCU 主程序，拖动到脚本区。

（3）在"控制"中找到 重复执行，拖动到脚本区。

（4）在"电子模块"中找到 设置 第 1 行 显示 10，拖动到脚本区。

（5）在"电子模块"中找到 读取 指南针传感器 P1，拖动到脚本区。

（6）在"控制"中找到 等待 1 秒，拖动到脚本区。

（7）按图 5.6-4 设置好各模块参数。

图 5.6-4

（8）编写好程序，调试没问题后，我们就可以保存项目，如图 5.6-5 所示。

图 5.6-5

4.3 程序下载

（1）选中脚本区的  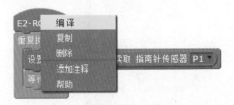 并按右键，在弹出的菜单中选择"编译"，如图 5.6-6 所示。

图 5.6-6

编译成功后，弹出如图 5.6-7 所示的对话框。

图 5.6-7

然后点击"下载"，弹出下载提示框，如图 5.6-8 所示。

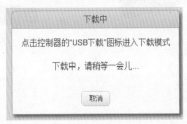

图 5.6-8

（2）将 E2-RCU 跟计算机连接，点击"USB 下载"，如图 5.6–9 所示。

图 5.6–9

等待一会儿，弹出"下载完成"对话框，点击"确定"关掉对话框就可以了，如图 5.6–10 所示。

图 5.6–10

（3）轻按"POWER"键，重启 E2-RCU，在主菜单中点击"运行 JMAPP1"就可以了，如图 5.6–11 所示。

甲　　　　　　　乙

图 5.6–11

思考题

如何设计一个听指令站军姿的机器人？

第 7 节　画图机器人

1. 引言

想让机器人露出笑脸吗？如图 5.7–1 所示。在这一节，我们来学习机器人是如何画图的。

2. 任务介绍

图 5.7–1

中鸣机器人的显示屏为 2.4 寸 TFT 彩色触摸屏，分辨率 320×240，可以显示 65000 色，我们用 x、y 来表示在显示屏上的位置。在显示屏上有 240×320 个点。每个点都可以显示不同的颜色，如图 5.7–2 所示。

SCRATCH 与机器人

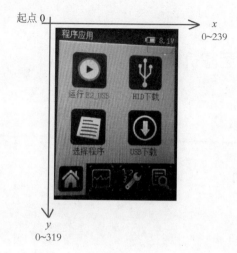

图 5.7−2

x 为起始坐标，范围为 $0 \sim 239$；

y 为起始坐标，范围为 $0 \sim 319$。

3. 程序编写

（1）在打开的 Scratch2 For JMD 中选择"文件 / 新建项目"。

（2）在"电子模块"中找到 E2-RCU 主程序，拖动到脚本区。

（3）在"电子模块"中找到

绘制 圆 X 10 Y 10 半径 5 颜色 红色 ，拖动到脚本区。

（4）在"电子模块"中找到

绘制 矩形 X1 10 Y1 10 X2 50 Y2 50 线宽 1 颜色 红色 ，拖动到脚本区。

（5）在"电子模块"中找到

设置 实心矩形 X1 10 Y1 10 X2 50 Y2 50 颜色 红色 ，拖动到脚本区。

（6）按图 5.7−3 设置好各模块参数。

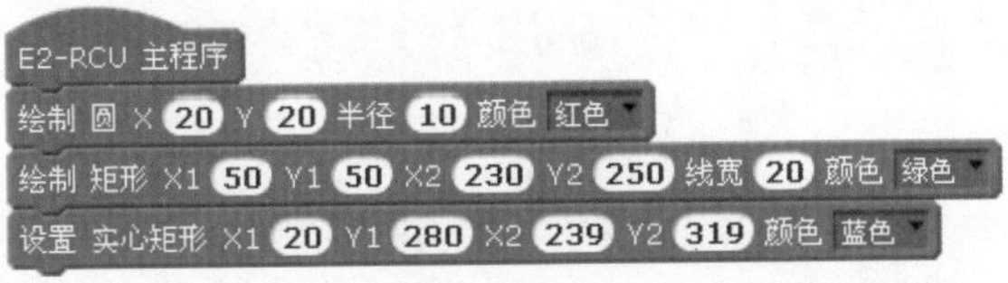

图 5.7-3

（7）编写好程序，调试没问题后，我们就可以保存项目，如图 5.7-4 所示。

图 5.7-4

4．程序下载

（1）选中脚本区的 E2-RCU 主程序 并按右键，在弹出的菜单中选择"编译"，如图 5.7-5 所示。

图 5.7-5

编译成功后，弹出如图 5.7-6 所示的对话框。

图 5.7-6

然后点击"下载",弹出下载提示框,如图5.7-7所示。

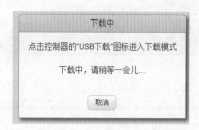

图 5.7-7

(2)将 E2-RCU 跟计算机连接,点击"USB 下载",如图5.7-8所示。

图 5.7-8

等待一会儿,弹出"下载完成"对话框,点击"确定"关掉对话框就可以了,如图5.7-9所示。

图 5.7-9

(3)轻按"POWER"键,重启 E2-RCU,在主菜单中点击"运行 JMAPP1"就可以了,如图5.7-10所示。

甲

乙

图 5.7–10

思考题

1. 调整各图形的大小、颜色和位置。

2. 给机器人画个笑脸。

第 8 节　计步器

1. 引言

在现代社会，为追求健康，人们控制饮食，但是仅仅控制饮食是不够的，还需要运动，管住嘴不够，还得迈开腿。但说到运动，青年人很少会去打门球，老年人很少会去打篮球，所谓众口难调，但有一种运动较为适合大众，那就是步行。

步行可以说是最简单的运动。可是我们每天究竟走了多少步，步行了多少米，却很少有人知道，要是有个计步器就好了。这节我们就用姿态测量模块来设计一个计步器吧。

2. 任务介绍

图 5.8-1

计步器，顾名思义，自然是用来计步的，电子计步器主要由振动传感器和电子计数器组成。人在步行时重心都要有一点上下移动。以腰部的上下位移最为明显，所以记步器挂在腰带上最为适宜。

计步器是通过统计步数、距离、速度、时间等数据（如图 5.8–1 所示），测算人们日常消耗的卡路里或热量，用以掌控自身运动量，防止运动量不足或运动过量的一种工具。

JMP-BE-2621 姿态测量模块是专为机器人设计的姿态方位参考系统，相当于一个高级"3D"电子计步器。它除了提供三轴加速度和三轴角速度，还直接输出欧拉角，具有直观、使用简单等优点，应用场合：平衡车、云台、遥控器、多自由度机器人、手势识别设备、飞行器、潜水艇等。实物图如图 5.8–2 所示。

甲

乙

图 5.8–2

SCRATCH 与机器人

3. 实体搭建

利用手头上的零件来搭建一个计步器，搭建好的模型如图 5.8–3 所示。

图 5.8–3

4. 程序编写

4.1 流程分析

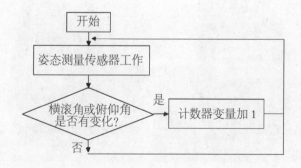

4.2 程序编写

（1）在打开的 Scratch2 For JMD 中选择"文件 / 新建项目"。

（2）在"电子模块"中找到 E2-RCU 主程序，拖动到脚本区。

（3）在"数据"中新建变量 x，将 将 x 设定为 0
和 将变量 x 的值增加 1 拖动到脚本区。

（4）在"控制"中找到 重复执行 和 如果 那么，拖动到脚本区。

（5）在"数字和逻辑运算"中找到 或，拖动到脚本区。

（6）在"数字和逻辑运算"中找到 > ，拖动两个到脚本区。

（7）在"电子模块"中找到 读取 姿态方位传感器 P1 模式 横滚角，拖动两个到脚本区。

（8）在"电子模块"中找到 设置 第1行 显示 10，拖动到脚本区。

（9）在"控制"中找到 等待1秒，拖动到脚本区。

（10）按图 5.8-4 设置好各模块参数。

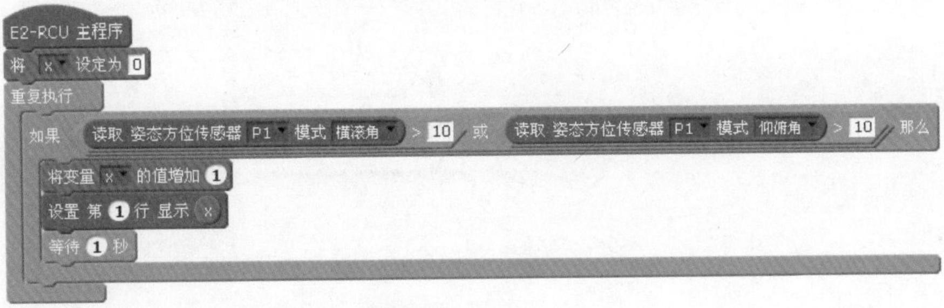

图 5.8-4

（11）编写好程序，调试没问题后，我们就可以保存项目，如图 5.8-5 所示。

图 5.8-5

4.3 程序下载

（1）选中脚本区的 E2-RCU 主程序 并按右键，在弹出的菜单中选择"编译"，如图 5.8-6 所示。

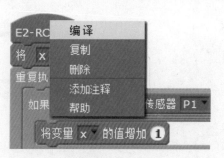

图 5.8-6

编译成功后，弹出如图 5.8-7 所示的对话框。

图 5.8-7

然后点击"下载"，弹出下载提示框，如图 5.8-8 所示。

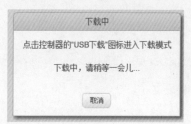

图 5.8-8

（2）将 E2-RCU 跟计算机连接，点击"USB 下载"，如图 5.8–9 所示。

图 5.8–9

等待一会儿，弹出"下载完成"对话框，点击"确定"关掉对话框就可以了，如图 5.8–10 所示。

图 5.8–10

（3）轻按"POWER"键，重启 E2-RCU，在主菜单中点击"运行 JMAPP1"就可以了，如图 5.8–11 所示。

甲

乙

图 5.8–11

SCRATCH 与机器人

模拟晃动机器人，显示屏数据加 1。

思考题

试着设计一个婴儿动作监护器。

第 9 节　追球机器人

1. 引言

　　小猫咪喜欢追着毛线球跑来跑去，很淘气。我们的机器人也很可爱哦，能够一直追着发光足球或红外足球不放呢，如图 5.9-1 所示。

图 5.9–1

2. 任务介绍

机器人比赛中用到的电子球是一种调制式红外球，它能发射红外线。追球机器人通过复眼模块来感知红外球所在位置，然后追着球前进。

JMP-BE-1727 复眼模块，是由若干个红外感光单元构成的，能够同时多方位测量红外光强弱的电子部件。它只占用一个端口就可以实现方便、快捷地读取多个方向的火焰（红外光）强度，并且自动运算出最大值方向、最小值方向等。

复眼由一个中央处理器和七个光敏二极管组成。中央处理器时刻检测安装在不同方位的光敏二极管的强度，并找出最强的一个；当中央处理器接收到机器人控制器发出的命令时，将检测到的光值返回给机器人控制器。实物图如图 5.9–2 所示。

图 5.9–2

3. 实体搭建

利用手头上的零件来搭建一个追球机器人，搭建好的模型如图 5.9–3 所示。

图 5.9-3

4．程序编写

4.1 流程分析

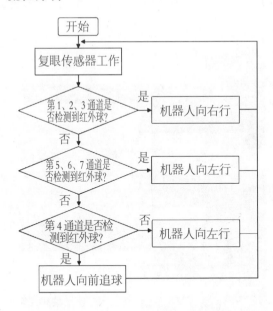

4.2 程序编写

（1）在打开的 Scratch2 For JMD 中选择"文件 / 新建项目"。

（2）在"电子模块"中找到 E2-RCU 主程序 ，拖动到脚本区。

（3）在"控制"中找到 重复执行 ，拖动到脚本区。

（4）在"控制"中找到 如果 那么 ，拖动两个到脚本区。

（5）在"控制"中找到 如果 那么 否则 ，拖动到脚本区。

（6）在"数字和逻辑运算"中找到 > 、 < 和 = ，各拖动一个到脚本区。

（7）在"电子模块"中找到

读取 复眼传感器 P1 ▾ 模式 最大光值通道编号 ▾ ，拖动三个到脚本区。

（8）在"电子模块"中找到 设置 马达 M1 ▾ 转速为 50 ，拖动八个到脚本区。

（9）在"控制"中找到 等待 ① 秒 ，拖动四个到脚本区。

（10）按图5.9-4设置好各模块参数。

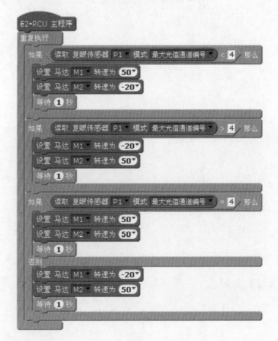

图5.9-4

（11）编写好程序，调试没问题后，我们就可以保存项目，如图 5.9–5 所示。

图 5.9–5

4.3 程序下载

（1）选中脚本区的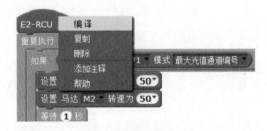并按右键，在弹出的菜单中选择"编译"，如图 5.9-6 所示。

图 5.9–6

编译成功后，弹出如图 5.9–7 所示的对话框。

图 5.9–7

然后点击"下载"，弹出下载提示框，如图 5.9–8 所示。

SCRATCH 与机器人

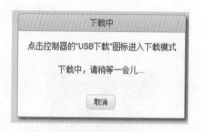

图 5.9-8

（2）将 E2-RCU 跟计算机连接，点击"USB 下载"，如图 5.9-9 所示。

图 5.9-9

等待一会儿，弹出"下载完成"对话框，点击"确定"关掉对话框就可以了，如图 5.9-10 所示。

图 5.9-10

（3）轻按"POWER"键，重启 E2-RCU，在主菜单中点击"运行 JMAPP1"就可以了，如图 5.9-11 所示。

甲 　　　　　 乙

图 5.9-11

看，机器人是不是追着球跑呢？

思考题

将球换成蜡烛，并不断移动蜡烛位置，看看机器人是不是能追着蜡烛跑。

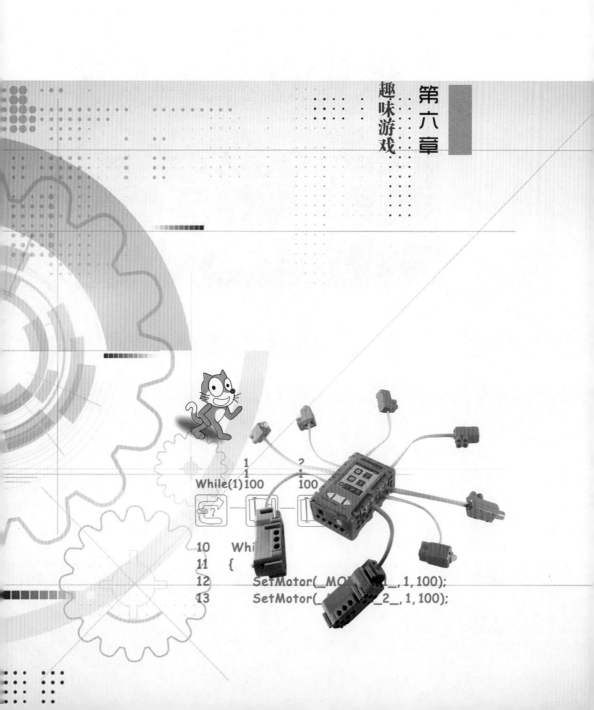

```
     1                    2
     1                    4
While(1)100              100

10        Whi
11        {
12            SetMotor(_MO      _1_, 1, 100);
13            SetMotor(_      _2_, 1, 100);
```

SCRATCH 与机器人

Scratch 软件除了上面的应用操作，还可以玩游戏哦，寓教于乐，创作自己的故事、动画和游戏，满足孩子玩的天性，让孩子在玩中感受程序设计的思维和方法。

图 6-1

第 1 节　动物赛跑

1. 引言

森林动物运动会开始了，它们举行了一场赛比赛，你能帮助小马去战胜它的对手们吗？快来试试吧。

2. 任务介绍

游戏名称：赛跑比赛

参赛选手：小马、小鸟

游戏规则：在同一起跑线上，游戏开始，谁最先触碰到红线谁就获得冠军。

SCRATCH 与机器人

3. 舞台搭建

单击列表舞台的缩略图打开舞台背景库，选取相应的
舞台背景图，如图 6.1–1 所示。

图 6.1–1

4. 创建角色

本项目需要三个角色：小马、小鸟和红线。

4.1 创建"小马"角色

从角色库中选小马的角色，完成后如图 6.1–2 所示。

图 6.1–2

4.2 创建"小鸟"角色

从角色库中选小鸟的角色，完成后如图 6.1–3 所示。

图 6.1-3

4.3 创建"红线"角色

利用"绘图编辑器"创建"红线"角色，如图 6.1-4 所示。

图 6.1-4

5.编写角色程序

5.1 角色思路分析

5.1.1 "小马"角色

想法	模块
按下空格键开始	 当按下 空格键
设置起点位置	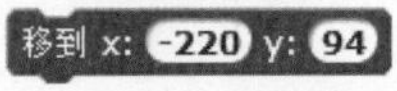 移到 x: -220 y: 94
当按下上移键，松开上移键，不停地用手切换，使得执行小马移动，步数范围是在 6 ~ 10 中随机抽中的一个数，最后重复执行动作	 重复执行 如果 按键 上移键 是否按下？ 那么 在 按键 上移键 是否按下？ 不成立 之前一直等待 移动 在 6 到 10 间随机选一个数 步

为了能更好地突出小马的赛跑，加入了造型切换，如下表分析所示。

想法	模块
按下空格键开始	当按下 空格键
小马等待 0.2 秒切换下一个造型，最后重复执行动作	当按下 空格键 重复执行 下一个造型 等待 0.2 秒

5.1.2 "小鸟" 角色

想法	模块
按下 "空格键" 开始	当按下 空格键
设置起点位置	移到 x: -220 y: 94
小鸟移动的步数是在 1 ~ 8 中随机抽中的一个数；等待 0.1 秒切换下一个造型，最后重复执行动作	重复执行 移动 在 1 到 8 间随机选一个数 步 等待 0.1 秒 下一个造型

5.1.3 加入控制条件

想法	模块
按下空格键开始，停止游戏	停止 全部

5.2 流程分析

根据上面的思路分析，可以得到以下所示流程图。

5.2.1 "小马" 角色

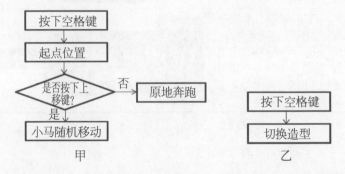

甲　　　　　　　　　　乙

5.2.2 "小鸟"角色

5.2.3 停止

5.3 编写角色程序

5.3.1 "小马"角色程序

根据流程图，分析可得以下程序，如图 6.1–5 所示。

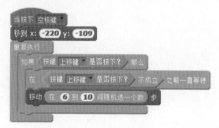

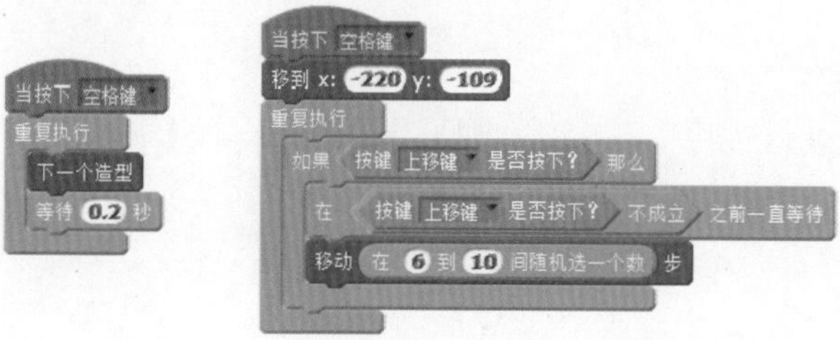

图 6.1–5

5.3.2 "小鸟"角色程序

根据流程图，分析可得以下程序，如图 6.1–6 所示。

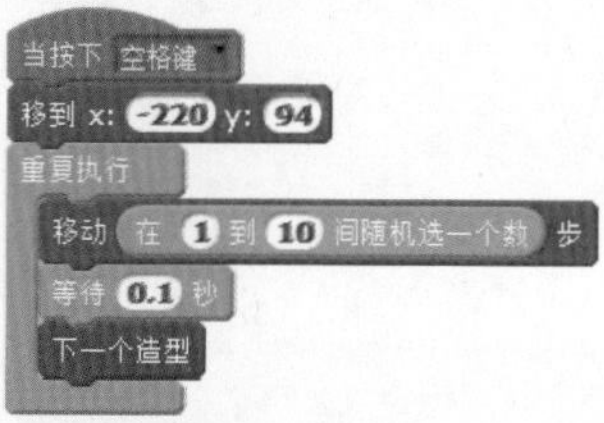

图 6.1–6

5.3.3 停止游戏的程序，如图 6.1-7 所示

图 6.1-7

5.4 保存项目

到此，动物赛跑游戏已制作完成了，我们单击文件菜单中"保存项目"程序进行保存，如图 6.1-8 所示。

图 6.1-8

运行程序，进行赛跑吧，看谁跑得快！

第 2 节　看看谁反应快

1. 引言

　　小鸣体育课上和同学们一起打篮球，一个队员传球给小鸣，就在小鸣伸手接球的时候，球被对方的队员一把抢了过去，队员不停地对小鸣说："你反应真慢！"

　　我们该如何来设计一个程序帮小鸣训练反应能力呢？

2. 任务介绍

　　所谓反应，就是指人体受到体内或体外的刺激而引起相应的活动或变化。人的反应能力，不管是在视觉、听觉

反应上，还是在触觉反应上都需要一定的时间，不同的人，
反应时间长短不一样，时间短则说明这个人的反应快，反
之则反应慢。

3. 舞台搭建

单击列表舞台的缩略图打开舞台背景库，选取相应的
舞台背景图，如图 6.2-1 所示。

图 6.2-1

4. 创建角色

本项目需要一个角色：灯。它有三种不同颜色的造型。
用学到的知识，创建好灯的角色，如图 6.2-2 所示。

图 6.2-2

创建好的角色及舞台背景的配合效果如图 6.2-3 所示。

图 6.2-3

5．编写角色程序

5.1 设定坐标点

我们用所学过的知识设置灯的中心点，如图 6.2-4 所示。

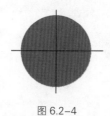

图 6.2-4

5.2 分析灯闪烁的流程

红色按下"左移键",绿色按下"下移键",蓝色按下"右移键",当正确按下按键时,才切换至另外一个颜色,依此循环。熟练掌握出现的颜色与按下对应的按键同步操控。流程如下所示。

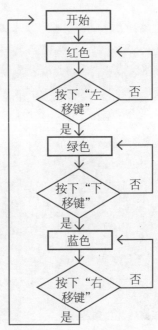

5.3 编写角色程序

根据上述流程编写程序,如图 6.2–5 所示。

图 6.2–5

5.4 保存项目

当确保程序没有问题了，我们单击文件菜单"保存项目"程序，如图 6.2-6 所示。

图 6.2-6

6. 实体搭建

利用手头上的零件来搭建一个灯，搭建好的模型如图6.2-7 所示。

图 6.2-7

7. 实体程序编写

7.1 程序编写

将三个角色造型对应成彩灯显示的三种颜色，程序如

图 6.2–8 所示。

图 6.2–8

在"条件"满足前一直等待的理解：

当 P1 为红色时紧接着切换到"造型 2"，在左移键按下之前一直等待；左移键按下时，设置彩灯颜色为绿色，将造型切换为"造型 3"，实现等待中断的功能。

然后对三个颜色的控制按照左、下、右三个按键划分三个颜色。

图 6.2–9

7.2 程序调试

连接好 E2-RCU，根据实际效果改进程序。

7.3 引入随机数

让程序随机选出灯的颜色，等待检测按下对应的按键后结束，再次给出随机选出来的颜色，依此循环 30 次。

数据栏新建变量，添加一个存储数据的变量，如图
6.2–10 所示。

图 6.2–10

然后放入到判断条件中去，如图 6.2–11 所示。

图 6.2–11

变量用于存储或记录一个给出来的随机数，通过这个
变量去判断满足的条件。

完整的程序如图 6.2–12 所示。

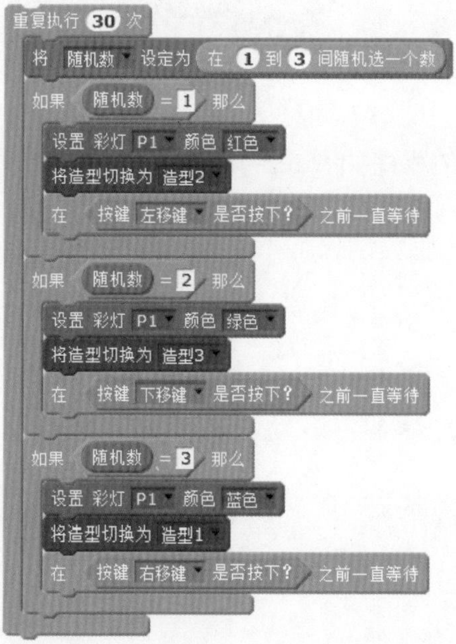

图 6.2–12

7.4 增加开始和结束以及计时功能

按空格键提示准备，3，2，1，开始随机出色，按下对应的按键，30 次后，告知挑战结束，公布最终所需要的时间，如图 6.2-13 所示。

图 6.2-13

每个造型显示 1 秒，准备，3，2，1，开始挑战！程序如图 6.2-14 所示。

图 6.2-14

编写好的程序如图 6.2-15 所示。

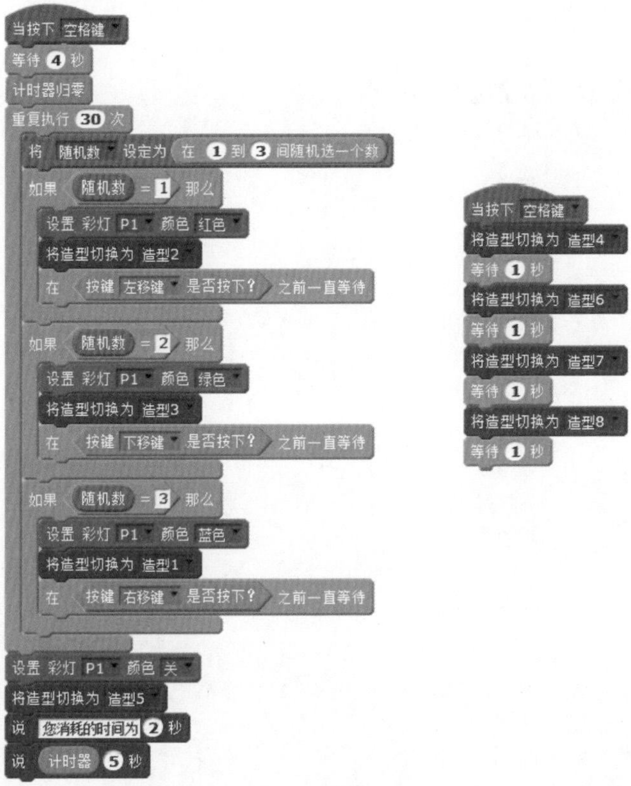

图 6.2–15

8. 拓展

自由发挥搭建一个实体的随机出色的机器人，通过键盘完成确认，用时最短者获胜！

第3节　分捡机器人

1. 引言

图 6.3-1

　　小鸣的班级要搞活动，班长特地买了一箱黄色的和一箱蓝色的小棉球当道具，没想到活动前有人撞倒了箱子，两种颜色的球混在了一块,同学们只好蹲下来一个一个捡，望着地上的小棉球，小鸣心想，要是有一个可以自动识别颜色的机器人就好了，那么捡球就快多了。

2. 任务介绍

分捡机器人通过光电传感器识别小棉球的颜色，然后再根据识别到的颜色做出相应的动作，比如将黄色的小棉球放到左边的箱子里，蓝色的小棉球放到右边的箱子里。

3. 舞台搭建

3.1 选取背景图

我们在这节中只需要一个简单的空白舞台背景即可，如图 6.3–2 所示。

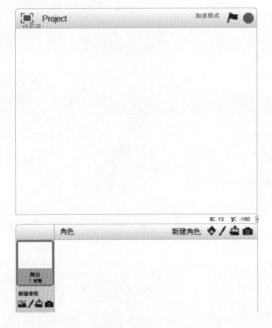

图 6.3–2

SCRATCH 与机器人

3.2 画一个倒 Y 字形通道（如图 6.3–3 所示）

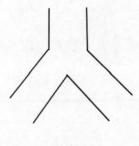

图 6.3–3

4. 创建角色

这个项目需要两个角色：蓝色球、黄色球。用学到的知识，创建好小球的角色，如图 6.3–4 所示。

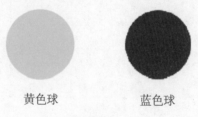

黄色球　　　　　蓝色球

图 6.3–4

将创建好的角色放到舞台背景相应的位置，实际的配合效果如图 6.3–5 所示。

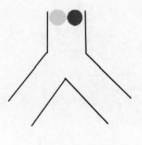

图 6.3–5

5．编写角色程序

5.1 流程分析

点击黄色球，黄色球则移到倒 Y 字形的左通道；点击蓝色球，蓝色球则移到倒 Y 字形的右通道。因此可以得到以下的流程。

5.2 编写角色程序

（1）具体的移动可以分两步进行，黄色球先移动到交叉口的位置，程序如图 6.3–6 所示。

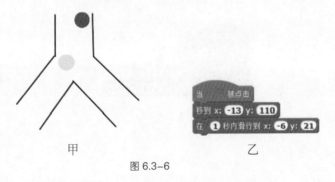

甲　　　　　　　乙

图 6.3–6

（2）黄色球向左通道落下，程序如图 6.3–7 所示。

SCRATCH 与机器人

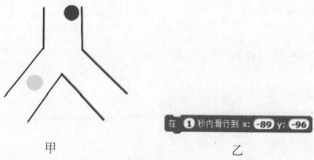

甲　　　　　　　　　　　　乙

图 6.3-7

（3）完整的程序如图 6.3-8 所示。

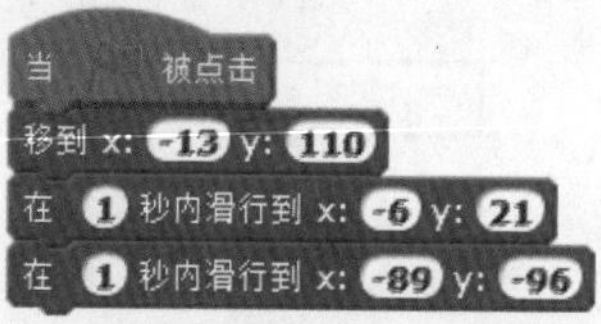

图 6.3-8

到此，黄色球角色程序编写完毕，大家可以通过执行脚本来测试和调整程序。蓝色球程序设计过程可参考以上设计，完整程序如图 6.3-9 所示。

图 6.3-9

5.3 保存项目

到此，分捡机器人已制作完成了，我们单击文件菜单"保存项目"程序进行保存，如图 6.3-10 所示。

图 6.3-10

6．实体搭建

利用手头上的零件来搭建一个分捡机器人，搭建好的模型如图 6.3-11 所示。

图 6.3-11

7．实体程序编写

7.1 程序编写

7.1.1 设置放置黄色球的程序

首先，编写马达将黄色球放到左边区域的程序，如图 6.3-12 所示。

SCRATCH 与机器人

图 6.3–12

然后，将马达复位，程序如图 6.3–13 所示。

图 6.3–13

综合程序如图 6.3–14 所示。

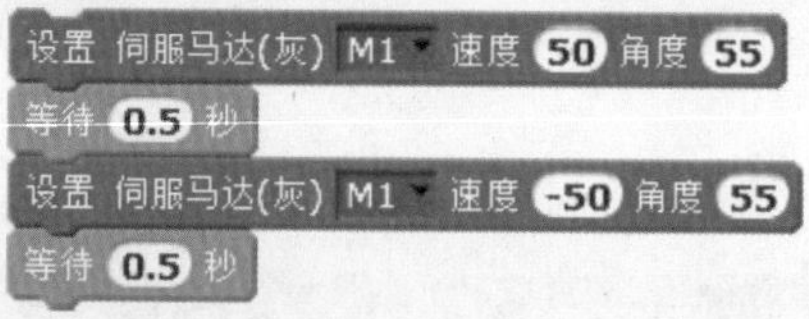

图 6.3–14

7.1.2 设置蓝色球程序

用重复设置黄色球的方法来设置蓝色球，如图 6.3–15 所示。

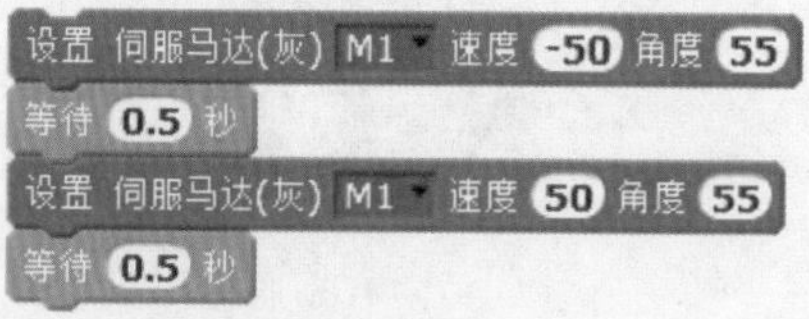

图 6.3–15

7.1.3 设置光电传感器识别小球颜色的程序

首先要侦测两种颜色球所对应的光电值，如图 6.3–16 所示。

图 6.3–16

得到蓝色球对应光电值在 1200 到 1300 之间，黄色球光电值在 2300 到 2400 之间，考虑到误差和灵敏度的问题，所以适当地调整程序里设置的光电值。由此可以得到分支判断颜色的依据，如图 6.3-17 所示。

图 6.3-17

进一步完善程序，设计光电值显示在控制器显示屏的第一行位置，同时软件根据光电值的大小说出小球的颜色，加个条件循环和控制按钮，程序如图 6.3-18 所示。

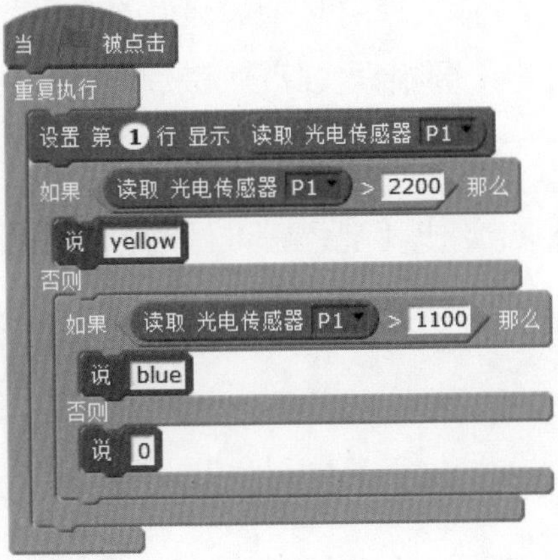

图 6.3-18

7.1.4 综合程序

当显示是黄色球时，按下左移键，机器人将黄色球放到左边区域内；当显示是蓝色球时，按下右移键，机器人将蓝色球放到右边区域内。具体程序如图 6.3-19 所示。

SCRATCH 与机器人

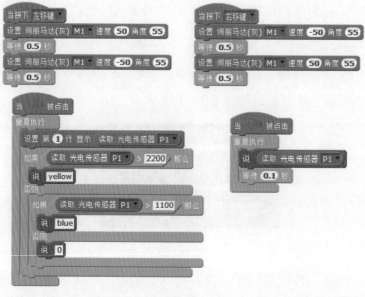

图 6.3-19

7.2 程序调试

实际情况中，小球放置的位置和外界光线对光电传感器有一定的影响，要根据实际情况来调整程序，如图6.3-20所示。

现在我们开始比赛吧，看谁做的分捡机器人能以最快的速度完成蓝色球和黄色球的分捡！

8. 拓展

怎样能使机器人更加智能，识别颜色后不用按键，会自动将球放到对应的区域呢？

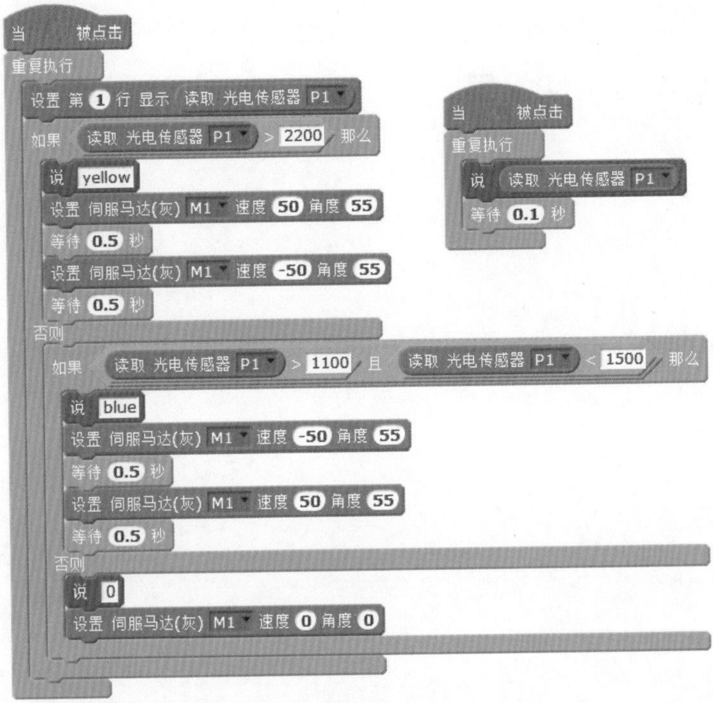
当 被点击
重复执行
设置 第 1 行 显示 读取 光电传感器 P1
如果 读取 光电传感器 P1 > 2200 那么
说 yellow
设置 伺服马达(灰) M1 速度 50 角度 55
等待 0.5 秒
设置 伺服马达(灰) M1 速度 -50 角度 55
等待 0.5 秒
否则
如果 读取 光电传感器 P1 > 1100 且 读取 光电传感器 P1 < 1500 那么
说 blue
设置 伺服马达(灰) M1 速度 -50 角度 55
等待 0.5 秒
设置 伺服马达(灰) M1 速度 50 角度 55
等待 0.5 秒
否则
说 0
设置 伺服马达(灰) M1 速度 0 角度 0
当 被点击
重复执行
说 读取 光电传感器 P1
等待 0.1 秒

图 6.3–20

第 4 节　切水果

1. 引言

　　同学们都玩过切水果的游戏，今天我们就尝试用 Scratch 来编写这样的一个小游戏。

2. 任务介绍

　　切水果是一款十分有趣的游戏，通过手指触摸画线的方式来挥动刀去切开水果，注意不要碰到混在其中的炸弹，一旦引发爆炸，游戏便会结束，如图 6.4-1 所示。

图 6.4–1

3. 舞台搭建

利用所学到的知识，创建舞台背景图，如图 6.4–2 所示。

图 6.4–2

4. 创建角色

本项目需要三个角色：水果、瞄准镜和爆炸示意图。

4.1 创建水果角色

由于需要用到不同的水果，所以其造型有以下五种，如图 6.4–3 所示。

图 6.4–3

4.2 创建瞄准镜角色（如图 6.4–4 所示）

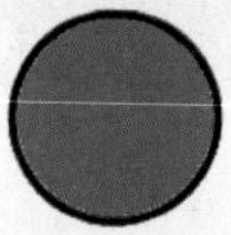

图 6.4–4

4.3 创建爆炸示意图角色（如图 6.4–5 所示）

图 6.4–5

4.4 舞美效果

创建好的角色及舞台背景的配合效果如图6.4–6所示。

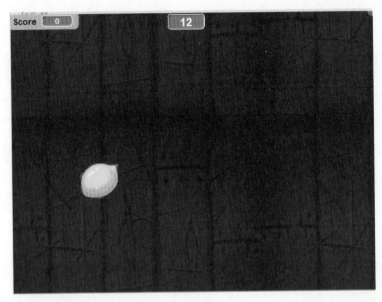

图 6.4-6

5. 编写角色程序

5.1 流程分析

5.1.1 水果

水果是随机出现在屏幕上方的，并慢慢往屏幕下方落，当收到"击中"的信号时，水果就在屏幕上消失了。水果的造型切换也是随机的。

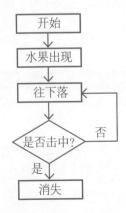

5.1.2 瞄准镜

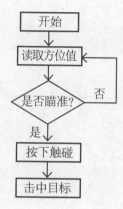

5.1.3 爆炸示意图

5.2 编写角色程序

5.2.1 编写水果角色程序

（1）当收到"开始"命令后，水果随机在屏幕上方显示，编写好的程序如图 6.4–7 所示。

图 6.4–7

（2）当水果被击中，则在屏幕中隐藏起来，如图 6.4–8 所示。

图 6.4–8

（3）当水果隐藏或被击中后，随机在屏幕上出现一种造型，如图 6.4–9 所示。

图 6.4–9

5.2.2 编写瞄准镜角色程序

当收到"开始"命令后，瞄准镜开始瞄准，程序如图 6.4–10 所示。

图 6.4–10

5.2.3 编写爆炸示意图角色程序

（1）当收到"开始"命令后，设定爆炸示意图角色的大小，如图 6.4–11 所示。

图 6.4–11

（2）当水果被击中后，爆炸示意图的角度随机出现，如图 6.4–12 所示。

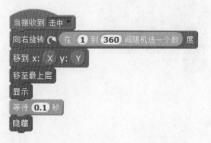

图 6.4–12

5.2.4 增加结束条件程序

如图 6.4–13 所示。

图 6.4-13

5.3 保存项目

到此，简单的切水果游戏已制作完成了，我们单击文件菜单"保存项目"程序，如图 6.4-14 所示。

图 6.4-14

6. 实体搭建

利用手头上的零件来搭建一把枪，搭建好的模型如图 6.4-15 所示。

图 6.4-15

7. 实体程序编写

7.1 程序编写

（1）由于瞄准镜部分增加了触碰传感器，按下触碰传感器则表示开枪的动作，所以在这里由点击“触碰”来代替上面程序里的“点击鼠标？”，相应程序如图 6.4–16 所示。

当接收到 开始
重复执行
如果 读取 触碰 P7 那么
播放声音 hand clap
如果 碰到 Sprite1 ? 那么
将变量 Score 的值增加 1
将 X 设定为 x坐标
将 Y 设定为 y坐标
广播 击中
等待 0.1 秒

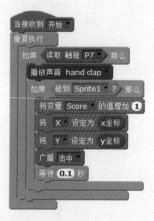

图 6.4–16

（2）为了更好地实现瞄准镜的功能，我们还加入了姿态传感器，相应的程序如图 6.4–17 所示。

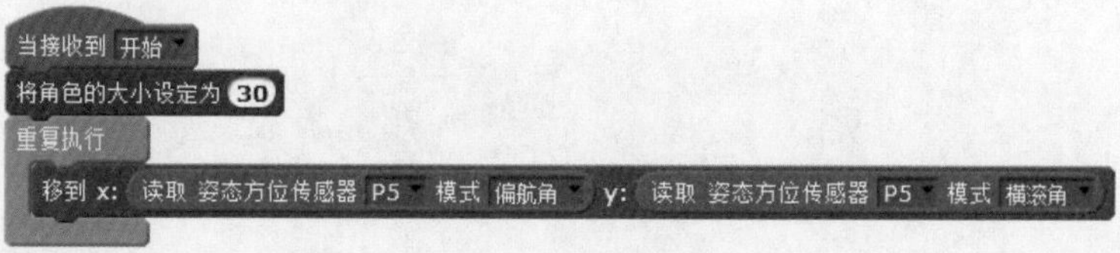

当接收到 开始
将角色的大小设定为 30
重复执行
移到 x: 读取 姿态方位传感器 P5 模式 偏航角 y: 读取 姿态方位传感器 P5 模式 横滚角

图 6.4–17

（3）完整的角色程序。

水果的完整程序如图 6.4–18 所示。

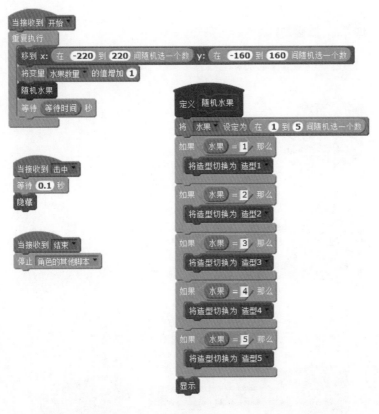

图 6.4–18

SCRATCH 与机器人

瞄准镜完整的程序如图 6.4–19 所示。

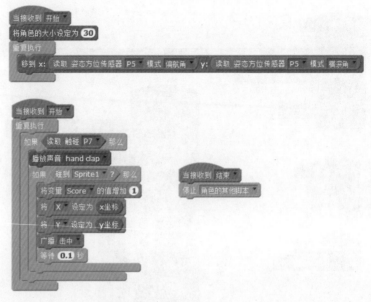

图 6.4–19

爆炸示意图完整的程序如图 6.4–20 所示。

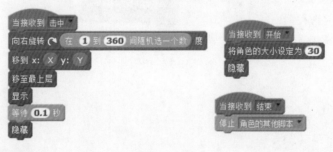

图 6.4–20

7.2 程序调试

连接好 E2-RCU，发送"开始"命令，然后瞄准水果，按下触碰模块，看是不是能实现切水果，如果不行，该如何来调整呢？

切水果游戏程序已经调试好了，快来跟你的小伙伴们一起比赛吧，看谁是神枪手！